変容するNHK

川本裕司
Kawamoto Hiroshi

「忖度」とモラル崩壊の現場

花伝社

変容するＮＨＫ——「忖度」とモラル崩壊の現場◆目次

3章　政治家を傷つけない中立的ニュース　81

5章 上層部に葬り去られた国谷キャスターとNHK不祥事の深層 206

【凡例】
文中の肩書は原則として当時のものを使っている。

まえがき

２０１９年度ＮＨＫ予算が審議されていた18年3月29日の参院総務委員会で、山下芳生議員（共産）がＮＨＫ関係者からと思われる内部告発文書が届けられたとして、公共放送の報道姿勢について質した。

「『ニュース7』『ニュースウオッチ9』『おはよう日本』などのニュース番組の編集責任者に対し森友問題の伝え方を細かく指示している。『トップニュースで伝えるな』『トップでも仕方ないが、放送尺は3分半以内』『（安倍）昭恵さんの映像は使うな』『前川（喜平）前文科次官の講演（を文科省が調査した）問題と連続して伝えるな』。自ら（政治的）圧力にすり寄っていくような、忖度していくような情報と思われるが、こういう実態があるのではないか」

これに対し、上田《うえだ》良一《りょういち》会長は「ＮＨＫとしては公平公正、自主自律を貫いて何人《なんぴと》からの圧力や働きかけにも左右されることなく、視聴者の判断のよりどころとなる情報を多角的に伝えていくことが役割だと考えておりまして、これをしっかり守っていきたいと考えている」と原則論を述べるにとどまった。

山下議員と同じ内部告発を4月5日の衆院総務委員会で取り上げた高井崇志議員（立憲民主）は「報道局長からの指示だったというふうに聞いた」と述べたうえで、「自民党政権を擁護するということを言っていませんけれども、明らかに官邸を忖度をした、そういう偏向報道の疑いがある」と指摘した。野田聖子総務相は「事実関係を承知していません。総務省としてコメントすることは差し控えさせていただきます」と明言を避けた。

森友学園との国有地取引の決裁文書を財務省が書き換えていたことが明らかになり、当時理財局長だった佐川宣寿国税庁長官が3月9日に辞任し、財務省が12日に大幅に書き換えられたり削除されたりした14件の決裁文書を公表した。12日当日から朝日新聞や毎日新聞など多くのメディアが「書き換え」から「改ざん」と切り替えて報道。しかし、NHKは「書き換え」という表現を変えず、「改ざん」と改めたのは3月27日にあった佐川氏の午前中の証人喚問を終えてからだった。26日の参院予算委員会で安倍晋三首相が「改ざんという指摘を受けてもやむを得ないのではないか」という認識を示したのを受け、読売新聞と日経新聞は27日朝刊から「書き換え」を「改ざん」と表記を変えていた。他の全国紙や民放キー局を含めた主要メディアで「書き換え」を最も長く使い続けてきたのはNHKである。

「改ざん」の表現が最も遅くなった理由について、4月5日の定例記者会見でNHK編成局の担当者は「早い、遅いではないと考えている。文書の書き換えがどのような意図で行われたか明らかになっていなかったことから書き換えという言葉を使っていたが、3月27日に国会で証人喚問が行われたことなどを踏まえ、改ざんと表現することにした」と説明した。

ふだんは表ざたにならなくても、時に、ニュースを伝える報道機関のＮＨＫが、政治との距離を問われ、自らがニュースの素材になることがある。とくに、政治が絡む人事問題、番組との関わり、予算審議では、世間の耳目を集める。

私自身にとって、ＮＨＫと政治に関わる話題が、隠微に聞こえるようになったのはいつからだろうか。

その原体験は、ＮＨＫを記者として取材していた30年近く前のＮＨＫ職員とのちょっとしたやり取りにある。１９８９年末から90年にかけての通常国会の会期中、大石千八《おおいしせんぱち》郵政相の政治献金に関する問題が報じられていたなか、ＮＨＫはほとんど取り上げないことに疑問を抱き、広報部の副部長にぶつけたときのことだ。返ってきた副部長のつぶやきは「ＮＨＫには郵政相に予算を提出する1月から、予算が審議される3月までは、事実上、編成権がないんだよ」。たしかにその後、ＮＨＫと政治をめぐる深刻な問題が1月から3月にかけて頻発することを確認することになる。

92年、「東京佐川急便」事件に関連して、5億円の献金を受けていた金丸信自民党副総裁が辞任を表明したとき、この驚きのニュースをＮＨＫは、あっさりとしか報道しなかった。金丸氏は放送行政に発言力をもつ郵政族の有力議員であり、田中角栄元首相が創設した田中派の系譜を継ぐ竹下派の会長でもあった。当時、あるＮＨＫ役員は「歴代の政治家でＮＨＫに最も影響力をもっていたのは角さんだった」と語っていた。

慰安婦問題を取り上げ01年1月末に放送された「ＥＴＶ２００１　問われる戦時性暴力」で、放送前にＮＨＫ幹部が政権幹部へ番組の説明に行ったあと番組内容を大きく改変したことが、05年に明らかになった。まさに「編成権がない」と嘆いた時期の出来事だった。

大きな問題となったこの番組改変が問われるなか、ＮＨＫの放送現場トップは「政治家に番組内容を事前に説明するのは通常業務」と言った。自主的な判断をもとに制作すべき放送局が政治家と面会したあと重要な証言を番組から削除するといった姿勢そのものに疑問を呈されていたのに、政治との距離への無頓着さを公言する無神経ぶりだった。建設業者から現金を受け取っていたことが16年に明らかになって甘利明経済再生相が批判を受け辞任したことでもわかるように、事業者と政治家の接触では慎重さが求められる。言論の自由にかかわる報道機関が政治家と密室でやり取りする場合は、誤解を招かないようにとりわけ神経を払わないといけないはずだ。

あるＮＨＫのＯＢからは、駆け出しの地方局時代に政治部記者を志望し、政治部にいた先輩に相談したときの体験談を聞いたことがある。「権力をチェックするために政治部に行きたいんです」と話すと、「そういうことなら来ない方がいい。ＮＨＫの政治部は権力を監視するところではない」と言われたという。この記者は社会部に配属された。

ときの権力が目に見えるような形で、介入する動きも目撃した。初めての受信料値下げという難局にも的確な対応で赤字を回避し評価が高かった松本正之《まつもとまさゆき》会長が再選されず、後任として14年に籾井勝人《もみいかつと》氏が就任するという不可解な会長人事が象徴的だった。会長選びが本格化するのを前に、会長を任命する権限を持ち、衆参両院の同意を得て首相が任命する経営委員に、首相に近い立場の人物が次々に送り込まれたあとの会長交代だった。後任の籾井氏が数々の失言を重ねては経営委員会から何度も注意された末、1期3年で会長の座を去った。

公正な態度で番組に臨み視聴者から高い支持を得ていた報道番組「クローズアップ現代」のキャスターを23年間にわたり務めてきた国谷裕子《くにやひろこ》氏が16年に降板した経緯にも、政治の「影」を感じた。政治家をはじめどんなゲストにも忖度せず聞くべきことを聞く国谷氏を番組から外すことを決めた背景には、NHK上層部の「自己規制」が浮かび上がってくる。

自分自身の仕事を振り返ると、取材の過程で耳にした証言や確認した事実が担当記者にとって興味深く心ひかれるものであっても、世の中で日々起きるあまたの出来事の中でニュースとして取り上げられるとは限らない。原稿に書いたとしても全文は載らなかったり、ボツになったりすることは日常茶飯事だ。こうした繰り返しによって、書かれざるエピソードの断片が心の片隅と脳裏にうず高く積もっていった。

17年12月6日、受信契約を拒んだ男性にNHKが支払いを求めた訴訟の上告審で、最高裁はテレビがあればNHKと契約を結ぶ義務がある放送法の規定は「合憲」との判決を言い渡した。

放送法の規定が憲法の保障する契約の自由に反するかどうかについて、最高裁が初めて示した判断だった。この結果、12月に受信契約の申し出は通常の5倍以上の約5万6000件、18年3月までには13万6000件（前年比10万件増）に達した。最高裁判決の余波はNHKの予想を超える契約増に影響を与え、局内では最高裁がある場所になぞらえて「三宅坂からの神風」ともいわれている。18年度に入ってからも営業面の絶好調は続き、第4期末（11月）の契約増加（地上波）は68万1000件（契約総数は4174万件）と年度目標の43万件を大きく上回り、営業目標の進捗率は158・4％と前例がないような高さを示している。

他方、NHKの根幹の問題である「政治」との関係に、本質的な変化はあったのだろうか。政治との距離を置いた経営や番組・ニュースづくりが徹底されてきたのか、といった点では疑問に感じることが少なからずある。

例えば、06年11月、菅義偉総務相が放送法に基づきNHKラジオ国際放送で「北朝鮮による日本人拉致問題」に特に留意するようにと命令を出した。報道の自由に関わりかねない問題にもかかわらず、橋本元一会長は反論することなく、「政府の認識は受け止める。番組作りでは自主的に編集する」と述べるだけだった。

16年2月、高市早苗総務相は衆院予算委員会で、放送局が政治的な公平性を欠く放送を繰り返し、改善しない場合には電波停止もありえると答弁した。この発言があった際、籾井勝人会長は「誰が公平と決めるべきか。最終的には視聴者がどう思っているかの判断が大きな基準と思っている」と述べるにとどまった。武田信二《たけだしんじ》・TBSテレビ社長が「番組内容に関して行政指導あるいは行政処分は望ましくない」、亀山千広《かめやまちひろ》・フジテレビ社長からは「公権力の介入は抑制的であるべきだ」という批判の声をあげたのと比べると、違いが際立った。別に、橋本氏や籾井氏だけではない。歴代のNHK会長は政治的な問題について自らの見識をはっきり打ち出すことはまずなかった。国内最大の報道機関のトップでありながら、世論をリードするような発言をすることも皆無に近い。なぜ、こんなことになっているのだろうか。

報道機関でありながら所管官庁に率直な意見を述べられない立場にあるとしたら、製品の検査データの改ざんが17年10月に明らかになったあと、社長が経済産業省に足を運んでは謝罪したり報告書を提出する神戸製鋼のような一般企業と何ら変わらない、といえる。

公共放送のNHKは、視聴者の受信料によって運営され、放送するための予算や事業計画を毎年、国会で承認されなければならない、と放送法で定められている。局内で絶大な権限をもつNHK会長の任免権を握る12人の経営委員は、国会の同意を得て首相が任命する。このように、国会、なかんずく与党・自民党と首相の影響力を受けやすい仕組みの中にあるため、政治から圧力がかかりやすい立場にある。政治との関わりを避けては通れない公共放送として、これまで政府や与党との距離を何度も問われてきた。

受信料の不払いによる罰則規定がない中、17年度で契約世帯の80％が受信料を支払っている。

災害報道への信頼も高い。ただ、ＮＨＫの現状に不満をもつ視聴者は少なくない。

起訴されたり懲戒免職になる不祥事を引き起こす職員が続出しているのに、受信料収入は順調に伸び、報道や番組への信頼は表向き高いという、ある意味、不可思議な現象も続いている。

87年に放送分野を担当してから、足かけ30年、ＮＨＫを取材してきた。別の持ち場となったり異動があったりで空白期間はあったが、ウォッチは続けてきた。この本は、この間に書き留めた取材ノートから掘り起こした記録をまとめたものである。

取材し記事を書いた後もモヤモヤし、頭から消えなかった残像は、「政治」に翻弄される公共放送の経営であり、放送現場の姿だった。とりわけ報道のニュースに、その痕跡が深く刻まれてきた。

この本ではこれまで書き切れなかった事実や証言を文字にし、水面下の出来事を明るみに出したものも多い。ＮＨＫという組織の「心理」と「生理」を明らかにしようと、可能な限り肉薄しようとしてきた試みを、行間から読み取っていただければ幸いだ。

中にはＮＨＫをめぐる「圧力」や「忖度」、「暗闘」も少なからず含まれている。圧力、忖度、空気。いずれも文字の記録としてはまず残らない。また、往々にして、やり取りが密室で行われることから、客観的な判断を下すのに困難を伴う。このため、圧力をかけた側、圧力を受けた側、そして第三者から見て、それぞれの主観的な見解に基づく評価が異なることがしばしばある。

権力がメディアに対しておこなう働きかけも、同じ構図にある。発言などによって働きかけをした政治家ら権力側も、働きかけをされたメディア側も、公式には「圧力」を否定するのが日本では通例だ。しかし、メディアの現場にいる当事者らが「圧力」を証言することで問題が表面化することがある。

新聞の記事は正確さを第一に重視し、原則として複数の取材先から確認できたことを記述している。このため、興味深い話があったとしても、1人だけの証言しかない場合は掲載を見送られることが多い。この本では、複数の確認を得られていない、1人だけが述べている話やインタビュー結果も掲載している。ただし、私が信憑性が高いと判断した内容に絞り、根拠が薄弱な未確認情報の類は掲載していない。取材先から解除の了解を得られていないオフレコの談話も記載していない。事実の記述に主眼を置き、主観はなるべく排除するようにした。

NHKでは会長をはじめとする役員や経営委員のほか、番組を制作するプロデューサーやディレクター、報道現場の記者、技術に携わる職員や研究者、受信料集金に携わる地域スタッフら、NHKの幅広い職場の人々にインタビューしてきた。さらに、政治家、総務省の官僚、研究者、市民団体のメンバーらにも取材してきた。

「長年、記事を書いてきたけれど、あるべき公共放送に向かっているのだろうか」と自答することがある。NHKは視聴者が支払う受信料で番組が作られる。予算は国民の代表である国会で審議したうえで承認される。制作・取材の基本姿勢を明記した「NHK放送ガイドライン」のイの一番には「自主・自律の堅持」がうたわれている。いずれも、制度としては視聴者に支えられ、チェックを受けたうえで、自立した報道機関として運営される仕組みになっている。

しかし、仕組みどおりの現実が目の前にあるわけではない。この建前と実態の違いは何か。公共放送の内実を突き詰めれば、日本の組織の至るところで見え隠れするこの「乖離」の原因をつかみ取ることができるのではないか。本書をお読みくださった方にとって、公共放送と日本社会のあり方を見つめ直すきっかけになってくれたら、これに勝る喜びはない。

1章　ＮＨＫのニュースはどう見られているか

ミステリーから日本人のありようを問う小説までを手がけ、社会問題にも強い関心を寄せる作家の高村薫氏がＮＨＫのニュースについて記した一文がある。

「ここ数年、政治が放送内容にさまざまなかたちで介入するようになり、放送事業者のほうも、政治的中立という名の自主規制に走ることが増えた結果、私のようなささやかな視聴者のチャンネル選びにも、明らかな変化が起きている。たとえば、事実を少しでも正確に知ろうと思えば、ＮＨＫニュースでは不十分かもしれないと感じるようになったこと。そのために積極的に毛色の違う民放のニュースを観るようになったこと、である」（『民間放送』２０１６年９月３日号「メディア時評」）

『民間放送』は民放局の業界団体・日本民間放送連盟が発行している旬刊紙である。「メディア時評」は外部のさまざまな筆者が、そのときどきのメディアについて感じることを綴る欄だ。

高村氏は「昔から、私の家は午後７時に夕食と決まっていたので、その時刻のＮＨＫニュースと、ある時期まではそれに続く『新日本紀行』を観ていた」。生活に忙しくなりテレビを観なくなる日々が続いたが、1995年の阪神・淡路大震災と2001年の米同時多発テロではテレビに引き戻された。「ニュースや報道番組であれば基本的にNHKかBBCで事足りていたため、ほぼニュースしか観ない私が民放にチャンネルを合わせることは、長い間なかったのだった」という高村氏が、ここ数年は民放のニュースを観るようになった。その理由は高村氏の好みが様変わりしたのではなく、不十分さを感じさせるNHKニュースの変質にあった、と言っていい。ただ、高村氏は「政治との距離という点では、残念ながら民放各社も微妙ではある」と留保をつけている。

小説『レディ・ジョーカー』（毎日新聞社、1997年）を刊行して間もない98年2月、高村氏が新聞ジャーナリズムについて語った講演を聞いたことがあった。誘拐事件が起きる小説の執筆に際し、高村氏は事件を取材する新聞記者の仕事を間近に見た。記者が神経症寸前に陥っているように見える特ダネ競争に首をかしげ、夜回りに投入するエネルギーをもう少し調査報道に振り向けてはと感じていた、と淡々と話していた。効率的でわかりやすい映像の印象で埋め合わせることのできるテレビ報道に対し、「新聞にしかできないのは分析や論評」と指摘していたのが記憶に残っている。どのメディアに対しても先入観をもたずフラットに語る姿が、作風と重なっているように感じた。

政権批判が希薄だという批評は、NHKニュースに対して以前からつきまとっていた。

さかのぼれば、朝日新聞記者だったジャーナリスト本多勝一《ほんだかついち》氏は、全マスコミの中で、NHKは最後まで中共と呼びつづけ、正式の国名（または略称としての「中国」）を使わなかったと指摘、「戦後の自民党内閣が佐藤政権まで一貫してとりつづけてきた中国敵視政策と、なんら変わるところはない」と述べた（『NHK受信料拒否の論理』、未来社、1973年）。本多氏は、南ベトナム解放民族戦線について他のマスコミが蔑称としての「ベトコン」を「解放戦線」と改めても、NHKは最後まで「ベトコン」と呼びつづけた、とも記している。

その少しあとの76年には、ロッキード事件で起訴された田中角栄首相のもとを、保釈から1週間後、小野吉郎《おのきちろう》NHK会長が東京・目白の田中邸を車で訪れたのを目撃され、新聞の記事になるという出来事があった。57年に田中氏が郵政相だったとき、郵政省の事務次官をつとめたのが小野氏という間柄だった。小野氏はその後、NHK専務理事に天下りしたあと会長になった。刑事被告人の私邸を報道機関トップが保釈直後に訪れるという行動にNHK内外から批判が殺到、小野氏は会長を辞任した。

元NHK政治部記者の川崎泰資《かわさきやすし》氏は著書『NHKと政治』（朝日新聞社、1997年）で「放送、なかでも公共放送NHKの民放と異なるところは、国策への協力の度合いが著しいところにある。国営放送と違い、国民の受信料によって運営される放送でありながら、政府はNHKを政府機関であるかのように扱い、NHK側にも戦前の意識をひきずったままで、国策には無批判に従う風潮が残っていた」と振り返っている。政治部で権力中枢を取材し、NHKと政治の関わりを知る川崎氏だったが、公共放送のあるべき姿を問い続け、古巣に対し厳しい注文を歯切れ良い口調でつけるスタンスはずっと変わらなかった。

ときの政府の問題点に対する追及に鋭さが欠けるとか、微温的といった報道ぶりへの専門家や視聴者によるNHK評は稀少というわけではなかった。高村氏の感想も、この見解と重なる。

安倍首相に食い込む政治部・岩田明子記者

ただ、ここ数年のNHKニュース、とりわけ政治報道に対する視聴者の見方は微妙に変化している。チェックが甘いというよりも、「政権と一体化しているのではないか」といった受け止め方が増している。その理由のひとつとして、12年に発足した第2次安倍政権になってから、政権の方針や意向をいち早く伝える〝スクープ〟が目立つことがある。NHKが速報した直後に、安倍晋三首相または菅義偉官房長官の記者会見が生中継で始まる、といったパターンの報道がめっきり増えたのだ。

その中心にいるのが、NHK政治部の岩田明子《いわたあきこ》記者だ。岩田記者は96年に入局し00年から政治部に配属され、13年からは解説委員も兼務している。

1年で退陣した第1次安倍政権時代から官邸取材を担ってきた。岩田記者は02年、小泉内閣で官房副長官だった安倍氏に「副長官番」として出会って以来、自民党幹事長、官房長官、首相を歴任した安倍氏の取材を続けてきたことを、自ら記している（『文藝春秋』2017年10

月号「安倍総理『驕りの証明』」)。

岩田記者への批判はある。話題を呼んだ「安倍総理『驕りの証明』」が掲載された際には、「赤旗政治記者」が17年9月8日のツイッターで、「文藝春秋の広告に岩田明子記者の名前。驚きは、記事のタイトルが〈安倍総理『驕りの証明』〉だ。〝凋落の原因は『驕り』にある〟と書き立てている。が、NHK看板記者として安倍ガールズと言われるほど政権の装飾に努めてきた航跡は、『驕り』とは無関係なのか。片棒を担いだのではないか。(津)」とつぶやいた。野党・共産党の機関紙「赤旗」の記者ならば、ありえそうな指摘だった。

『週刊金曜日』も「テレビ報道の危機」を特集した17年4月7日号で、こう書いている。「**確かに岩田は、官邸の動きをいち早く報道することが多い。同業他社からは『節目で必ず特ダネを書いている』との声がある一方で、『単なる安倍のお気に入り。書いてる中身も、安倍の言いたいことを伝えていうだけだ』との批判も少なくない**」

岩田記者の報道姿勢について、放送ジャーナリストの小田桐誠氏は17年6月5日、日刊ゲンダイDIGITALの記事「MCコメンテーターの診断書」で「疑問を感じる〝政権ベッタリ〟の姿勢」という見出しをつけ、次のように批判した。

「4月第3土曜日、岩田は日本記者クラブの会員OBで構成する『土曜サロン』にゲストとして招かれた。そこで『取材・報道に当たっては何を重視しているのか』と問われ『2つある。1つは日本の国益にとってどうなのか。もう1つは(アベノミクスの生命線の)株価に影響しないかだ』と答えたという。権力を監視し国民の知る権利に応えようとする姿勢があるか疑問だ」

本や雑誌からニュースを掘り起こすサイト「リテラ」は、ジャーナリズムの話題を取り上げることも多い。19年1月、新年企画として発表した「安倍政権御用ジャーナリスト大賞」で、岩田記者は7位に選ばれた。上位10人は、時事通信社特別解説委員だったジャーナリスト、テレビ朝日アナウンサー、日本テレビキャスターといったマスコミ関係者のほか、芸人、国際政治学者、弁護士らが並ぶが、放送局記者は1人だけだった。岩田記者は17年に8位、16年にも7位になっている。3年とも名を連ねたのは元時事通信社特別解説委員、芸人とあわせ3人だった。

その一方、岩田記者の報道ぶりを評価する意見もある。元朝日新聞政治部次長で会員制ネット情報紙『メディアウオッチ100』代表の今西光男氏は同紙の連載をまとめた「安倍晋三政権とメディアの関係」（デジタル版『現代の理論』２０１６春号）で、元政治記者の観点から分析している。「安倍氏に甘い解説ではないかと思われがちだが、それが全く違う。問題点を整理して、これまでの経緯、分析、評価を簡単に説明する。自らの政治的主張、独自の見解を示すことはしない。いわゆるＮＨＫの典型的な公平・中立で客観的な解説である」と位置づけた。

安倍首相の岩田記者評にもふれている。「筆者は安倍氏に会うたびに、『現役の記者で一番、

信頼しているのは誰か』と尋ねているが、自民党幹事長時代、官房長官時代も、そして昨年会ったときにも、かならず『NHKの岩田だよ。彼女は信頼できる。家内も母もみんな信用している。是非、彼女を応援してほしい』と同じ答えをする。わざわざ彼女を呼び出し、2回も紹介してくれたほどだ」

そして、「安倍首相は記者会見で、野党やメディアに対して、批判的というより、挑発的な発言をよくするが、岩田解説はこれには触れず、淡々と政策的評価をすることで、強権的な印象を抑える配慮があるかもしれない。だからなのか、安倍氏もこの岩田解説の放送を必ず確認して、納得しているようだ。メディアで最も早く報道するNHKの番組の中で、『岩田解説』によって、メディアの論調を方向付ける役割を期待しているのかもしれない。その意味で岩田記者は安倍政治の重要な役者の1人になっている」と、岩田記者の存在感の大きさを指摘するのである。

15年8月に戦後70年の首相談話が発表された直後、岩田記者による、4つのキーワード（植民地支配、侵略、反省、おわび）の扱いが決まった背景を含めた詳細な解説を聞いたとき、戸惑いを感じたのを覚えている。安倍首相の内心を代弁するかのような語り口に、どこまでが安倍氏の心情で、どこからが客観的な取材結果なのかが見極めがたかったからだ。深い食い込みの結果なのかもしれないが、安倍首相の心象風景とも受け取れる岩田記者の「話法」に、取材先との距離を測りかねる印象を私自身は持った。

ＮＨＫで顕著な功績があった番組や各分野の職員らが表彰される16年度の会長賞に、岩田記者が個人として表彰された。受賞理由は、内政や外交問題を他社に先駆けて報道し、ＮＨＫ報道の声価を高めたことだった。16年12月にロシアのプーチン大統領が来日した際の安倍首相との首脳会談に焦点を当て、自ら取材に関わったＮＨＫスペシャル「スクープドキュメント 北方領土交渉」も評価されたという。会長賞を受けたのは個人だけでなく、番組やさまざまなプロジェクトなど約30件。個人の受賞は、岩田記者をはじめ、ドキュメンタリー番組のプロデューサーやベテランのデザイナー、被災地番組や福祉番組に長年関わってきたアナウンサー２人の計５人だった。

ＮＨＫ報道局幹部は、突き放したように言う。「例えば午後7時からの『ニュース７』などで岩田記者が『ニュースを出稿したい』といえば、原稿はまずそのまま通る。報道局や政治部では岩田記者の取材は政権中枢から情報を取ってきて、その内容については信頼されているので、岩田記者の意向は尊重されている。岩田記者がいなくなると官邸情報で特オチするのではないかという不安から、岩田記者を官邸取材から外せなくなっている。政権中枢からニュースを取ってくる岩田記者を止められる人間は報道局にいない。アンタッチャブルな存在になってしまった」

また、あるＮＨＫのベテラン職員は「安倍首相が国際会議のあとに記者会見をする際、岩田記者は生中継の必要性をよくアピールし、実現している。岩田記者は安倍首相の携帯電話の番号を知っていて、強みになっている。ふつうならキャップやデスクになるのに、ずっと一線で取材しているのは異例。政治部出身者はＮＨＫの経営の主流を担ってきており、政権中枢との距離の近さが局内での発言権をアップさせ局内の権力の階段を上がっていく例はあったが、岩田記者の場合、官邸への食い込みを自らの昇格などに利用する野心や私心を見せない。行動基準はＮＨＫのためになるか、日本のためになるか、ということのようだ」と、首をひねりつつ話した。

別のＮＨＫ関係者は、岩田記者がＮＨＫ人事に影響力をもつようになっている、と声をひそめて指摘した。

数々の失言で批判を浴びた籾井勝人氏の後任として、元三菱商事副社長でＮＨＫ経営委員の上田良一氏が17年1月25日、4代連続の民間出身としてＮＨＫ会長に就任した。最初の重要な決断は、2月11日に任期を迎える副会長人事だった。ＮＨＫ政治部出身で報道局長、大阪放送局長を歴任した堂元光《どうもとひかる》副会長の再任説と板野裕爾《いたのゆうじ》・ＮＨＫエンタープライズ社長ら関連団体トップからの起用説があった。結局、上田会長から提案のあった堂元副会長の再任が1月31日の経営委員会で同意された。

上田会長は「この3年間、私は経営委員、監査委員という立場で、堂元氏といろんな形でコミュニケーションする場があり、そういったコミュニケーションを通じて強み、弱みも含めてよく理解させてもらって、信頼をおけるということで、今後3年間会長をやる上で補佐していただくには一番適任だということで、任命したいという希望をもった」と経営委で説明した。

しかし、額面通りに受け止める人は少ない。副会長の再任は97年から２００３年まで海老沢会長時代に務めた菅野洋史氏以来という異例の人事だったからだ。ここ三代続いた民間出身のＮＨＫ会長は福地茂雄《ふくちしげお》元会長が今井義典・元ＮＨＫ解説委員長、松本正之元会長が元理事の小野直路《おのなおじ》・ＮＨＫエンタープライズ社長、籾井勝人前会長が堂元光・ＮＨＫプラネット専務と、それぞれ指名していた。上田会長が決まった直後も、ある経営委員は「副会長は新しい人が選ばれるのでは」と語っていた。

堂元副会長が留任した理由について、ある元ＮＨＫ幹部は「上田会長の就任の条件として、官邸が堂元副会長の再任をあげたからだ」と話した。そして、「上田さん自身は政治色が薄い。このため、ＮＨＫに影響力を及ぼしたい官邸としては上田会長が固まった段階で、副会長を重視した。当初、杉田和博官房副長官が板野裕爾・エンタープライズ社長を副会長に据えようとしたが、堂元副会長の再任を推したのは安倍首相本人だった、と聞いている。再任の実現に動いたのは堂元副会長と太いパイプのある岩田記者で、安倍首相を動かしたのではないか。首相が決めれば、誰も反対できない」と説明する。

ＮＨＫ関係者によると、政界への影響力を誇る新聞社首脳が「岩田記者と今井尚哉首相秘書官が一緒になって動き、堂元副会長が再任された」と指摘したという。この新聞社首脳は堂元副会長の再任に反対していたといわれているが、官邸の判断がＮＨＫ上層部の人事に影響を与えた証言と受け止められている。

安倍晋三首相の友人である加計孝太郎氏が理事長をつとめる加計学園の岡山理科大学獣医学部の新設（18年4月）が17年11月14日、林芳正文部科学相によって認可された。その経緯が不透明だと告発した前川喜平前文科事務次官は同じ日、「我が国の大学行政に大きな汚点を残しました」という談話を発表した。この年の5月に公の場で告発の証言に踏み切った前川前次官は6月23日、日本記者クラブの記者会見で「私に最初にインタビューしたのはＮＨＫだが、放送されないままで、いまだに報じられていない」と述べていたのだった。

文書が墨塗りされた加計学園問題の報道

愛媛県今治市に計画されていた岡山理科大学の獣医学部新設で、安倍首相が「腹心の友」と呼ぶ大学トップの加計孝太郎・加計学園理事長に対する官僚らの忖度があったのではないか、と疑念を呼んだ加計学園問題では、内閣府が文部科学省に手続きを促す内容を裏付けるものとして、5月16日の午後11時台のニュースで文部科学省の内部文書を他社に先駆けて報じた。その際、**文書にあった「官邸の最高レベルが言っている」などの部分を墨塗りにして画面に出すなど、官邸に配慮したと受け止められるような不自然さがあった。**

6月8日の定例記者会見で、「墨塗り」について問われた上田会長は「放送のことは現場に任せている。現場の判断を尊重している。拠って立つところは、国民、視聴者の信頼。報道の自主自律、不偏不党を守り、公平公正であることが大事だ」と答えた。

放送総局幹部は「一般論としては公平公正をめざして努めている。その場その場で判断し、トータルとして放送している」と言う。前川前次官が6月23日に「NHKのインタビューを受けたが放送されていない」と明らかにした。その後、この幹部に前川インタビューをなぜ放送しないのか聞いたら、「いま放送してもニュースバリューがない内容だ」という返事だった。上田会長は、前川インタビューの放送見送りについても「放送のことは現場に任せている」と述べるにとどまった。その一方で、加計学園問題についての文科省内部文書を報道後、文科省幹部に食い下がって質問を重ねるNHK社会部記者の姿が目撃されている。

NHK関係者によると、加計学園問題を取材する社会部に対し、ある報道局幹部は「君たちは倒閣運動をしているのか」と告げたという。

事実を掘り起こそうとする記者がいる。それを牽制しようとする幹部がいる。上層部は現場任せにする。こうした力学の強弱の結果が、日々のニュースに反映されている。あるときはスクープとして放送され、またあるときはボツになる。

加計学園問題をめぐる内部文書を掘り起こし、17年6月19日の放送でスクープするなど、「クロ現」の放送内容が国谷裕子キャスター時代の活気が戻りつつあるように見える、という声があがった。

ＮＨＫ関係者によると、「クローズアップ現代＋」で加計学園問題が取り上げられるようになったのは複雑な経緯があった。５月16日の第一報以降、社会部がこの問題についてのスクープ的情報を含む原稿を提案しても、通常のニュース枠で放送されることがなかった、という。国会で加計問題が焦点となるなか、ＮＨＫのこうした消極的な報道について、野党から批判の声が内々に伝わってきた。このため、ＮＨＫとしてこうした姿勢をとり続けることのリスクも感じ始めていた。ニュース枠で取り上げられないことから、社会部が「クローズアップ現代＋」で加計問題を提案した際、採択されることになった。武田真一キャスターのほか、社会部記者と政治部記者が出演するというバランスが図られた。

クロ現でのスクープは注目を集めた。クロ現では加計問題の放送の際は情報管理を徹底させるため、番組のテーマは「規制緩和」とぼかされており、前日にあった骨格を知らせるビデオ部分の試写まで、加計問題を放送することは担当者以外には伏せられていた。「『官邸の最高レベル』が墨塗りされたことの影響があった」と言われる。加計問題のクロ現は25分間の放送予定だったが、取材を進めていた萩生田光一官房副長官からの文書の回答が放送直前に届き、全文紹介することになったことから、放送時間が急きょ５分間延長された。

前川喜平前文部科学事務次官は「日経ビジネスオンライン」（17年９月７日）のインタビューで次のように発言している。

「私へのアプローチが特に早く、一番取材していたのはNHKです。あれは、5月の大型連休前だったと思いますが、私の自宅前にNHKが待ち構えていて、私が出た時につかまえられ、そこで観念して、カメラの前で話しました」

「ニュースに出したのは5月16日の夜。あれは、変なニュースでした。あのニュースは、加計学園の獣医学部新設に関して、文科省の大学設置審議会が審査しています。いろいろと課題があるので、とにかく実地調査をしています。そんなニュースだったんです」

「上からの圧力があったのでしょう。私に接触してきた記者さんは、ものすごく悔しがっていました。それで、社会部の取材してきた人たちが、せめてこれだけは映してくれと言って、最後にちらっと映したと。自分たちは取材で先行している、という意地ですよね」

「残念に思う半面、現場の記者さんにはシンパシーも感じるんです。要するに、大きな組織の中では、組織の論理で動かざるを得ないという。自分に重ね、ちょっと、同情したところもあるんです。みんな、組織の中で四苦八苦しながら生きているんだなと」

マスコミはニュースの取り上げ方が画一的だ、という批判がある。どの新聞も1面トップの記事が同じニュースの場合、たしかに各紙の差異が見えにくい。しかし、他紙が大きく報じているのに、ある新聞だけが小さく扱っているときには、なにか背景があるのではといぶかるのは不自然なことではない。例えば、18年4月19日の新聞各紙の朝刊が、セクハラ問題が指摘され、前日に発表された福田淳一財務事務次官の辞任の記事をそろって1面に掲載するなか、日本経済新聞だけが5面の3段見出しという、とりわけ控えめな扱いをなぜか選択していた。大々的に取り上げることの多いスクープ記事が地味な取り上げ方の場合、なにがしかの事情があるのではと推測しても的外れとはいえない。

NHKのニュースでも、似たようなことがあった。**17年度新聞協会賞の「編集部門」で受賞したNHKの「防衛省『日報』保管も公表せず」の特報（17年3月15日）は、第一報が「ニュース7」のトップではなく、番組中盤の目立つとはいえない順番の扱いだった。**放送直前まで事実関係の確認を取るのに手間取り、トップにできなかったわけではない。同じ日の「ニュースウオッチ9」でも番組半ばの放送だった。南スーダンでの国連平和維持活動（PKO）をめぐって防衛省が破棄したとしていた部隊の日報を陸上自衛隊が保管していたとするニュースはその後、稲田朋美防衛相や黒江哲郎事務次官、岡部俊哉陸上幕僚長がいずれも辞任するという大問題に発展したのを考えると、静かすぎるスタートだった。**あるNHK関係者は「トップニュースにしないという報道局幹部の判断があった」と言っている。**

「総理の意向」を忖度した行政判断だったかどうかが問われた「加計学園問題」に関わる文部科学省の記録文書の第一報はNHKだったが、耳目を引く時間帯の放送ではなかった。17年5月16日夜、最初に取り上げたのは、主力の「ニュース7」などではなく、午後11時15分スタートの「ニュースチェック11」だった。政府批判につながりかねないスクープをボツにはしないが、衝撃度を小さくする報じ方という点では、ＰＫＯ日報問題報道と重なる。

国内ただ1つの公共放送であるＮＨＫへの信頼度は高い。18年1月に発表された、公益財団法人・新聞通信調査会の「第11回メディアに関する全国世論調査」（２０１８年度）の結果によると、各メディアの情報信頼度ではＮＨＫテレビが70・8点と、新聞69・6点、民放テレビ62・9点、ラジオ57・2点、インターネット49・4点を上回って首位だった。08年度から始まった調査の情報信頼度の数値は全体として低下傾向にあるが、ＮＨＫテレビが毎回トップとなっており、各メディアの順位は変わっていない。

ＮＨＫが国内で最も大きな放送局であることは、誰もが感じていることだろう。それゆえに、全国津々浦々に番組が伝えられ、影響力が示される。

実際に、どれくらいの規模なのだろうか。国内向けに本放送を実施しているのが、テレビで総合、教育、ＢＳ1、ＢＳプレミアムと18年2月に始まったＢＳ４Ｋ、ＢＳ８Ｋの6波、ラジオでは第1、第2、ＦＭの3波と、計9波を数える。さらに海外向けのテレビ国際放送とラジオ国際放送もある。17年度の職員（要員数）は1万３０３人を数える。ただ、本体からの出向者も抱えＮＨＫの業務を支える関連団体は18年3月現在、子会社13社、関連会社4社、関連公益法人など9団体の計26社・団体ある。17年12月には、ＮＨＫアイテックとＮＨＫメディアテクノロジーという技術系子会社2社が19年4月の合併をめざすことが発表された。実現すると、関連団体と子会社の数はそれぞれ1つ減る。関連団体の従業員数は16年度末で6389人。この人数を含めると、NHKグループで1万6494人となる。

日本民間放送連盟によると、17年7月末現在で、民放キー局5社の職員数は計5627人で、NHKの半分強にとどまる。民放連に加盟する206局の従業員数は2万5752人。全国の放送局に勤める社員・職員の約3割がNHKで占められており、その巨大ぶりがわかる。

衛星放送の普及が本格化し、電波がアナログからデジタルへと変わり、高精細な画質で夢の次世代テレビと呼ばれていたハイビジョンがいまや家庭で当たり前の画像となった。

さらに、NHKはいま、電波を通じてテレビに流す放送だけでなく、同じ番組をインターネットでパソコンやスマートフォンに届ける通信にも本格的に進出する計画をもっている。この「常時同時配信」を20年の東京五輪の前に実現したい考えだが、「ますます肥大化する」と民放などが強く反対し、実施時期を含め論議が紛糾した。

国内最大の報道機関であり、断トツの巨大さを誇る放送局であるNHKをひとことで言い表すのは難しい。ただ、特定のスポンサーに偏ることがないという、そこはかとない信頼感があるのは確かだろう。そもそも、受信料は放送法64条で「……受信設備を設置した者は、協会とその放送の受信についての契約をしなければいけない」となっているものの、支払わない場合の罰則規定がない。受信料は商品の対価として払うのではなく、「特殊な負担金」と位置付けられてきた。いわばお寺へのお布施のような性格のお金。番組を作ることを支援する意味合いで支払われているのだ。

最近、ＮＨＫの「肥大化」論を民放は強く主張している。この四半世紀を振り返ると、ＮＨＫと民放キー局の規模の変化がはっきりする。92年度から決算を公表したフジテレビはこのとき、民放キー局（単体）で売上高が最も多く、その額は２７０４億円。同年度のＮＨＫの事業収入は５４０４億円と、民放首位局の２倍だった。17年度になると、民放トップの日本テレビの売上高が３１１２億円に対し、ＮＨＫは７２０４億円と２・３倍になり、民放１位との差が開いている。

ＢＳ放送を見ても、ＢＳ日本、ビーエス朝日、ＢＳ–ＴＢＳ、ＢＳジャパン、ビーエスフジの民放キー局系の５社の17年度売上は１５５～１８０億円。これに対し、ＮＨＫでは制作費（17年度予算）だけでもＢＳ１が８１６億円、ＢＳプレミアムは５３６億円と、ＢＳ民放各局の３～５倍に達している。番組へのお金のかけ方を見れば、勝負にならないほど水準が違っている。

ＮＨＫの「１強」ぶりは経営面から確かにうかがえる。その最大要因は、衛星放送（ＢＳ）の有料化という打ち出の小槌を89年に手に入れたことだ。11年の地上波テレビのデジタル化によって、地上波とＢＳ、ＣＳ（通信衛星）の３波共用チューナーを内蔵したテレビが標準となり、ＢＳ契約世帯が右肩上がりに伸びていることが、ＮＨＫの増収を支えている。18年11月現在でＢＳ契約は２１５０万件に達し、いまも伸びている。

不祥事によって不払い世帯が一時期は急増するという危機があったものの、財政面では公共放送トップが失言を繰り返しても営業の好調さは変わらないという盤石ぶりが最近は続いている。

籾井勝人会長時代の15年4月、朝日新聞のオピニオン・フォーラム面で「NHK」をテーマに6つの視聴者団体の会員・スタッフにアンケートした。回答したのは、インターネット上でテレビ番組を採点するサイト「QUAE（クアエ）」、消費者問題に取り組む「主婦連合会」、マスメディアの報道について調査し検証する「日本報道検証機構」、テレビとラジオに関する批評活動をしている「放送批評懇談会」、名作の上映会を開いている東大情報学環・丹羽美之研究室の「みんなでテレビを見る会」、市民の立場からすぐれた報道を表彰する「メディア・アンビシャス」の6団体で、20~80代の52人が答えた。

「NHKで評価できるところを、3つまで選んでください」という質問に対し、**「災害時の情報提供」（87%）と「学習機会を提供する教育番組」（65%）が突出して多い回答があった。**続いて「CMがなく企業の影響を受けないところ」40%、「ドラマなどの娯楽番組」17%。**その一方、「公平・公正な報道」は10%にとどまっていた。**

「NHKで評価できないところを、3つまで選んでください」という質問については、**「政治がからむテーマになると制作姿勢が萎縮する」が63%と最も多かった。**さらに「経営者の資質に問題がある」50％、「娯楽番組が民放化している」38％、「番組ＰＲが多すぎる」29％、「経営委員の資、質に問題がある」35％、「受信料が高い」21％、「報道が偏っている」17％と続いた。

また、「放送法で、ＮＨＫ会長の任命には、国会が同意し首相の任命する経営委員（12人）の９人以上の賛成が必要となっています。この仕組みをどう思いますか」という質問では、「今のままでいい」という現状維持派は12％にとどまり、「ある程度変える」16％、「大幅に変える」33％、「全面的に変える」33％、「その他」６％と変更を求める声が多数派だった。

納得感のない人事が繰り返されると、信頼感の喪失につながる。テレビをよく見る視聴者団体からの公共放送に対する視線は、政治に関わる報道姿勢に対する不信と、現行の会長任命に対する不満を示すものだった。

視聴者の意向がもっとも反映されるべき公共放送のトップはときの政治権力によって決まり、政治情勢が変われば、トップの座から退かざるを得なくなるという歴史の繰り返しでもあった。こうした歴史が、視聴者の不満につながっているのかもしれない。その経緯をたどっていきたい。

2章　毀誉褒貶《きよほうへん》が激しい島桂次NHK元会長が残した「遺産」

　NHKの政治部出身者で、権勢を振るった人物といえば、島桂次《しまけいじ》氏と海老沢勝二《えびさわかつじ》氏という2人の会長経験者に名をとどめる。政治記者の経歴を生かした政界との深い関わりが、NHKでの自らの昇進につながったのも共通する。

　ともに生え抜きの実力派会長として就任したが、任期途中に失意の辞任に追い込まれた。在任期間は島氏が2年3カ月（1期目）、海老沢氏が7年6カ月（3期目）だった。

　1992年6月、久しぶりに会ったNHKのある関連会社の役員は饒舌だった。

「**ヒトラー10年、スターリン20年。島さんは10年だったな。独裁が長く続くと、終わり方が大事になる。チャウシェスクは最も長く続いたが、最後は銃殺された**」

　役員の口から世界史に名をとどめる独裁者とともに、島氏の名前が飛び出したのは意外だった。

　なぜ10年なのかと聞くと、「NHKで報道局を支配してから数えれば10年になる」と答えた。島会長時代の報道局長や番組制作局長の人事についても固有名詞をあげながら、「専門家としては優秀でも管理職として無理があった。最近、ようやく正常に戻ってきた」と評した。

官邸や永田町と波風をなるべく立てない経営をしてきた旧来のＮＨＫ会長と一線を画したのが、89年４月に会長となった島桂次氏だった。88年７月まで会長を務めた川原正人《かわはらまさと》会長時代に、「衛星放送を有料化するのは１００万世帯普及が目安」とした路線が敷かれ、89年８月からの有料化（月額９３０円）が同年２月に決まった。90年４月からの地上波テレビの６年ぶりの値上げが同年３月に決まり、財政面の余裕がさらにうまれた。28％という大幅値上げだった。

強烈な存在感を示した島氏とは、どんな人物だったのか。

衛星放送は「ルビコンの川を渡った」と言い切った島氏

島氏の存在が局外で有名になった〝事件〟があった。

81年２月、「ニュースセンター９時」で「ロッキード事件五年——田中角栄の光と陰」という15分ほどの特集が予定されていた当日の午後、島桂次報道局長の業務命令で中止された。最終的に特集ではロッキード事件の裁判については取り上げられたが、収録され放送されることになっていた三木武夫元首相らのインタビューがカットされたのだった。

島氏は「やるなら短いものではなく、１時間でも２時間でもかけて特別番組を作ればいい」と中止の理由を説明したが、担当していた社会部などから猛反発を受けた。「ニュースセンター９時」の「ロッキード事件五年」について、田中派幹部の二階堂進自民党総務会長がＮＨ

Kの坂本朝一《さかもとともかず》会長に「いったい何をやるのか」と問い合わせことから過剰に反応し、坂本会長や中塚昌胤副会長が「(3月のNHK)予算審議の時期に刺激するのはよくない」と、特集の中止を島局長に命じたのだった。

島氏は著書『シマゲジ風雲録――放送と権力、40年』(文藝春秋、1995年)で経緯を明かしている。二階堂自民党総務会長から「マスコミは角栄をやり過ぎる。NHKも何か特別な番組を企画しているようだが、手控えてくれ」と前日に言われた坂本会長が、NHK予算が自民党総務会にかかる前だったことから「何とかならないか」と島氏に切り出した。島氏はその場で仲のいい二階堂総務会長に電話で「会長を脅かしたそうじゃないか。どういうつもりだ」と話すと、「冗談だよ。頭にきたから言ったけど、予算審議なんて関係ないよ」と恐縮した返事だった。坂本会長に電話を代わり、直接話してもらった。しかし、中塚副会長が「自民党の総務会を通っても、閣議決定でじゃまされる恐れがある」と言う。島氏は宮沢喜一官房長官にも電話し、やり取りを坂本会長に説明したが、坂本会長から「実際どうなるかわからない。なんとかうまくやってくれないか」と頼まれた。

そこで、島氏はこの機会を利用する考えに切り替えた。ロッキード関連番組は目新しい内容がなく15分程度で、放送しなくてもさしたる影響はないと計算した。さらに、「(局内で大きな勢力をもっていたNHK労組・日放労の)上田(哲)君と手を切ってくれ」と条件を出し、坂本会長から「切る」という返事を得た。そして、特集「ロッキード事件五年」について試写を見たあと、「だめだ、こんなもの」と述べ、報道局長判断として放送中止を緊急部長会で通告したのだった。その後、人事異動で上田氏と連なる管理職らが要職を離れ、島氏の発言力は増していった。

島氏の時代感覚を示す国会答弁が89年にあった。会長に就任した年の11月30日の参院逓信委員会で、かつて島氏が消極的だったといわれ8月に有料化した衛星放送に対する姿勢を問われたときだ。

「実は、この衛星放送が難視聴解消でスタートしまして、2年半ばかり前でしたか、これでモアサービス、いわゆる新しい波を1つ作るということをNHKは始めたわけでございますけれども、その際に、今でも思い出しますけれども、私は当時の川原（正人）会長に対して、1つのチャンネルを新しく作るということがいかに大変なことかと。ちょうどNHKでも、昭和34、5年に総合テレビとは別に教育テレビというものを作ったわけでございます。そのとき私どもの先輩の経営者は何と3000人の大学卒業者を採用したわけです。そのために。その当時、総合テレビ1つチャンネルがあったわけですけれども、それと同じくらいの金をそのとき使ったということを私は覚えております」

「したがって、島君、これをひとつぜひ作ってくれと会長に言われましても、あなた、それだけ人、物、金がそろうんですか、そろわなければ、君自身、君1人の努力で云々と言われましても困りますよ、これはひとつ慎重に考えてくれませんかと言ったことを今でも覚えております。川原さんも覚えていると思います。それに対しまして、やはりこの新しい時代、新しいこの衛星放送というのが難視聴解消でスタートしたにしろ、何百億かの星を上げて非常に難視世帯が少なくなってきている。そこへ新しい任務として公共放送としてぜひ取り組んでくれと言うので、会長命令でもありましたし、なるほどそうかということで、私は体を張って、その当時からほとんど全世界を飛び回り、いろいろな放送素材を集めまして、実験放送を続けて今日ようやく本放送までたどりついたわけでございます。これから先これがどう普及するかということは、これは大変困難な問題だということは人一倍私は実感としてもっております」

そして、「**1万5000人の我々全員が全力を挙げてやってもなお難しい非常に重要な問題になってきた、まさにある意味ではNHKの命運がこれにかかってきたということでございます。したがって、ルビコン川を渡ったわけでございます。今さら衛星放送やめたということは不可能でございます**」と言い切った。

島氏は、地上波のテレビ、ラジオだけの時代から、ハイビジョン放送（アナログ）を実現させ、付加料金としてNHKに増収をもたらす衛星放送の重要性を誰よりも見抜いていた。

打ち出の小槌となった衛星放送の有料化と受信料の値上げ

その後の2008年に起こったリーマン・ショックなどで民放の広告収入が伸び悩むなか、

２０１１年にあった地上波テレビのデジタル化による衛星放送チューナー内蔵のテレビの普及によって、89年６月から本放送を始めた衛星放送の契約数が右肩上がりとなった。いまや放送界は収入面では「ＮＨＫ１強」といっていい。

その礎を築いたのは、島氏が副会長時代の89年２月に導入が決まり、会長になったあと89年８月から実施された「衛星放送有料化」にあった。月額料金は、地上波カラーテレビ１０７０円（消費税込み）に衛星放送分の９３０円（同）を付加した料金は２０００円（同）だった。これが後に打ち出の小槌となる。

翌90年４月からは地上波テレビの受信料が月額のカラー訪問集金で１０７０円（同）から１３７０円（同）、カラー口座振替で１０２０円（同）から１３２０円（同）への28％という大幅値上げも国会で承認され、盤石の財政態勢を整えた。４年ごとだった値上げが６年ぶりだったことに加え、放送サービスの向上、民放より低く抑えられてきた人件費などに充てることを理由に挙げていた。

この受信料値上げはＮＨＫにとって譲れぬ選択だった。前年の89年４月からの受信料値上げを目論んでいたが、当時会長だった池田芳蔵《いけだよしぞう》氏の国会での失言もあって断念し二年越しの大仕事だったのだ。

ＮＨＫは中央官庁がよく使う審議会のお墨付きを得ての政策を立案するという手法を、受信料値上げで利用した。財界人、学者、元官僚、マスコミトップ、労組幹部、消費者団体幹部ら各界の有識者18人を集めた「NHKの長期展望に関する審議会」（座長・平岩外四東京電力会長）を89年7月に設けた。

受信料値上げの布石と感じ取った私は、審議会の委員に取材を重ねた。答申が出る3カ月前の89年11月に「NHK受信料値上げを是認　長期展望審議会が答申の骨子」という記事を書いた。NHKの民営化に反対し受信料制度の堅持を打ち出すとともに、総合テレビの放送時間延長、ラジオ第一の24時間放送化などのサービス向上を理由に、受信料値上げについて「必要があれば考慮すべきだ」という審議会の答申方針を明らかにする内容だった。90年2月にまとまった答申では「多メディア時代に即した役割を果たすべきだ。財政基盤の確立について十分検討することが必要」という表現で、受信料値上げを容認した。

NHKは与党・自民党の有力政治家に対する事前の説明と了解を得られるまで、受信料値上げが決まったかのような報道をことさら嫌う。答申前に書いた私の記事は、NHKを刺激したようだった。幹部が私を牽制するような言葉をかけてきた。広報室の副部長は毎朝5時に起きては朝日新聞をチェックし、受信料値上げに関する記事が出ていないか確認していた、と後に聞いた。

「20世紀最後の値上げ」という腹積もりで実際に大幅な受信料値上げを実現させた島会長は、経営計画を担当するNHK幹部ら5、6人と、東京・永田町の東急キャピタルホテルで打ち上げをし、ビールで乾杯した。手ばなしで喜んでいい場なのに、島会長は「これからNHKは腐

敗するな」と言い放った。勘が鋭い島会長のこの言葉は、いま振り返ると、核心を射抜いた予言といえた。

13年後に発覚する紅白歌合戦プロデューサーの制作費横領をはじめとする、引きもきらない金銭をめぐる不祥事の連鎖を見るとき、島氏の予言は的中した、と言わざるを得ない。値上げで巨額のお金を得た代わり、かつてあった「清く正しいＮＨＫ」というイメージは失われた。

消費税率アップを除けば最も直近の受信料値上げ前年の89年、ＮＨＫ役員になった幹部のつぶやきを覚えている。「俺も今年、やっと確定申告になったよ」。年収が１５００万円を超したことを意味していた。世間相場から見れば高給だが、「民放や新聞社に比べれば……」という思いが込められていたようだった。ちなみに88年春に50歳で退社し、フリーとなりフジテレビと専属契約を結んだ「ニュースセンター９時」の元キャスター木村太郎氏は「ＮＨＫでの年収は１２００万円」と言っていた。決算資料からはじき出されたＮＨＫ職員の年間平均給与（17年度）は１０８８万円となっている。

島氏が頭角示した衛星放送は順調に普及

89年８月の有料化時点で約50万だった契約世帯は、00年２月には衛星契約件数が１０００万件を突破、有料化から10年７カ月での達成となった。衛星放送による収入は89年度の60億円が、翌年度以降、２０４億円、３３６億円、４７０億円、５９３億円と順調に伸びていった。契約世帯数も89年度の120万から、235万、380万、500万と翌年度以降、毎年100万世帯を上回る増加実績を重ねていった。18年11月末の契約世帯は2150万に達している。

島氏の知恵袋といわれ理事、専務理事として支えた青木賢児《あおきけんじ》氏が90年にまとめた「ソフト立国への提言」という文書が手元にある。コンテンツの観点からメディアの推移と将来を見据えた指摘である。島氏の見解と重なっているといっていい。以下、列挙する。

「ヨーロッパにおけるテレビとCATVのチャンネル数は、1980年には39であったが、この10年間に3倍に増えて118になった。さらに民営化と規制緩和によって、これからの5年間でチャンネル数は倍増すると予想されている」

「東京では現存テレビとCATVのチャンネルを総合すると、年間約11万8000時間の番組枠が存在する。これからの10年間には、衛星放送やスペース・ケーブルによる番組供給事業が拡大して、2000年には年間46万3000時間という膨大な番組ソフトが必要になると考えられている」

「1987年におけるアメリカの黒字輸出産業は第1位が航空機産業で110億ドルの輸出超過であったが、第2位には急成長を続けるソフト産業がランクされ、映画、テレビ、ホームビデオ、レコードなど合わせて55億ドルの貿易黒字を計上した」

「欧米のメディア・ジャイアンツは、今後ますます巨大化の道を進むと予想されるが、これらに対抗して情報や文化を国際的に発信していくためにも、わが国独自のメディア・ジャイアンツを持つ必要がある」

「その努力を怠れば、情報の輸出入のバランスの崩れは決定的なものとなり、わが国のメディア産業の基盤を海外の巨大メディア産業に握られてしまうばかりでなく、情報発信の道を殆ど閉ざされてしまうことになりかねない」

「日本のソフト市場が極めて狭い構造に制約されているために、プロダクションは小規模で制作能力が内容的にも経済的にも虚弱であり、そのために金融界からもリスクの大きい分野であると見なされて、活発な投資活動が行われてこなかった」

「21世紀に向けて、先進諸国の産業構造は重厚長大から軽薄短小へ、ハードからソフトへ、物から心へと大きく変化し始めているが、そのような時代に向けての産業政策はこの国は未だ存在していない」

その2年前の87年3月24日にあった衆院逓信委員会で、NHK会長だった川原正人氏は、難視聴解消とニューメディア開発を目的としてきた衛星放送の番組編成について問われ、こう答えている。

「結論的に申し上げれば、私どもは衛星の2つのチャンネルのうち少なくとも1つを使って新しいサービスを始めたいということでございます。……今から約20年以上前の日本の状態を見ますと、非常に難視聴世帯が、恐らくまだ２００万前後は残っていたと思いますし、ＮＨＫ自身が毎年数十億円の難視聴対策費をつぎ込んでいた時期でございますので、放送衛星一個によって日本全土をカバーできるということで、これは非常に画期的な手段として、当時のＮＨＫがそのことを強く主張したことはそのとおりでございます。……実は昨年度、これは郵政省を中心としました調査で、難視聴世帯が既に、本当に見えないのは10万世帯だ、こういう状況の中で、なお私どもが引き続き、三百数十億円を投下した衛星を難視聴世帯のためにだけ使っているということは、これはむしろ本当にむだ遣いにもなりかねないというふうに思いますので、もちろん難視聴の解消ということは引き続き私どもの使命でもありますし、衛星放送がその任務を担う大きな役割をすると思いますが、２つのチャンネルがあるならば、１つのチャンネルではむしろこの衛星の能力を生かした新しいサービスをすることの方がＮＨＫとしての役割あるいは衛星放送の役割としてもふさわしいものであろうということで、そういうことを展開してまいりたいと私どもは考えておるわけでございます」

翌88年3月24日の衆院逓信委員会では、衛星放送の受信料について質問された川原は「独断」と断ったうえで、具体的な数字をあげて次のように述べた。「今でも１５５億円の年間経費がかかっております。もし１００万の方が、しかも全員きちんと受信料をお払いいただくという前提でございます、そうすると年間で1万５０００円、月に１２００円ぐらいになりましょうか。……本放送になれば１５０億円では到底済みません。恐らくその数倍の経費になってくるだろうと思います。仮に５００円かかるともし計算すれば、１００万の方で御負担いただくとすれば年間５万円、月に４０００円ぐらいのものをちょうだいしませんとその一年の収支は採算があいません。……私ども日本人の感覚で50万とか１００万とか２００万というのがあらゆる意味のメルクマールになると思うのです。１００万のときにはある種の決心をしなければならぬと思っています」。１００万世帯に普及した段階での衛星放送有料化を事実上表明したといえる。

ＮＨＫは88年10月、衛星放送の普及が99万８５００世帯に達した、と発表。翌11月には１１４万５５００世帯と、有料化の目安としていた１００万世帯を突破したことを明らかにした。89年12月末には２０１万世帯となった。

あるＮＨＫ理事が88年10月に明らかにした衛星放送の普及見込みは、89年度（90年３月）の２３０万世帯で、翌年以降３３０万世帯、４４０万世帯、５７０万世帯と毎年１００万世帯以上の伸びを予測、95年度末に１０００万世帯、２０００年度末に２０００万世帯になる、と見通していた。

商社出身の池田会長の辞任と後を襲った島氏

その島氏が経営者として頭角をはっきりと現し会長の座を視野に入れたのが、88年７月の副会長就任だった。このとき会長を退任した川原正人氏は88年度のＮＨＫ予算が88年３月31日に国会で承認された翌日、会長の任免権をもつ経営委員会の委員長だった住友銀行会長の磯田一郎《いそだいちろう》氏を訪ねていた。

経営委員会関係者によると、82年に会長となり2期目の任期切れが7月2日に迫っていた川原氏は、磯田委員長にこう語ったという。「次期会長はＮＨＫ内部から出してもらいたい。しかし、横井（昭）副会長は力量不足、島専務理事は敵が多い。もし、経営委員会が3選をというのなら、お引き受けする」。この直後、経営委員長代行の元朝日新聞常務、天野勧三氏にも同じ内容の話をした。しかし、経営委員会では虫のいい申し出とあきれる受け止め方が多かったのだった。

会長選びで経営委が白羽の矢をひそかに立てていたのは、国鉄再建監理委員長だった住友電気工業会長の亀井正夫《かめいまさお》氏だった。磯田委員長と天野委員長代行は87年10月、亀井氏擁立で合意。磯田委員長は「95％は亀井氏で大丈夫だろう。あと5％は新日本製鉄会長の武田豊氏。ただ、私と同じ住友グループから会長を出すとなると、世間はどう見るだろうか」と述べると、天野委員長代行は「いまや国鉄監理委の亀井氏だ。そんな心配はいらない。武田氏は鉄を見捨てないのではないか」と答えた。

翌11月、磯田委員長が竹下登首相と会食した際、ＮＨＫ会長選びが話題になった。竹下首相は「すべて経営委員会に任せる。ただ、亀井氏は関西新空港にと考えている」。これで、亀井ＮＨＫ会長は消えた。実際、亀井氏は89年、関西新空港を建設する関西国際空港株式会社の会

NHK 会長になった池田芳蔵氏（左）の就任記者会見。右は副会長になった島桂次氏＝1988 年 7 月 4 日、東京都渋谷区（提供：朝日新聞社）

長に就いた。

87年12月には、自民党幹部が竹下首相に「大蔵省出身の橋口収《はしぐちおさむ》元国土庁事務次官はどうか」と打診したという話が出た。年が明け88年1月には、大来佐武郎《おおきたさぶろう》元外相や加藤一郎・元東大総長の名前が浮上。翌2月には、郵政大臣が「元郵政省幹部の経営委員を会長に」と磯田委員長に依頼した、という情報が駆け巡った。結局、民間人からの起用論が強まり、生粋の財界人としてNHK会長に初めて選ばれたのが元三井物産社長で同社相談役の池田芳蔵氏だった。奇しくも、元三井物産副社長で14年から1期3年、会長を務めた籾井勝人氏の先輩にあたる。

ただ、池田氏の会長就任は難産だった。88年5月21日、読売新聞が「川原会長退任へ、後任池田氏が有力」という記事を掲載した。寝耳に水の記事だった。夜、磯田氏のもとに取材に行くと、他社も数多くいた。記者らを前に、磯田氏は「手続きを踏んでやっているのに、不信感をもたれてしまう。経営委員から漏れることは絶対にない。記事は非常に不愉快。池田さんは不利になるでしょうねぇ。９票を集めるのは大変ですよ。まず４人程度に絞りたい。最後は私に一任してもらわないと」と話した。翌22日夜にも取材に応じた磯田委員長は「私が委員長になる前、島君に『あんた、やるか』と聞いたら、『俺はやらない』と言っていた。あれだけ腕のある人だが、敵が多い。島君の会長は絶対にない。池田さんはやる気満々のようだ。池田さんが三井物産の会長時代に撤退と直面したＩＪＰＣ（イラン・ジャパン石油化学）プロジェクト問題は、彼の前任者の責任だ。ただ、池田さんに票が入っても、反対があれば消えることになる」。ある経営委員は「池田氏有力の記事は、郵政省による池田会長つぶしのリーク」と指摘し、ＮＨＫ広報室関係者は「金丸信自民党竹下派会長（前副会長）が読売の政治部記者に、池田氏の名前を出したらしい」と語った。

会長選びをする経営委員会が24日に控えていた。４月末に12人の経営委員に「だれが会長にふさわしいか」というアンケートを取り、24日にその結果が示された。委員は１～３人の候補者をあげたところ、島氏が４票、池田氏が３票、亀井氏が２票、東大名誉教授の辻清明《つじきよあき》ＮＨＫ監事が２票、大来佐武郎元外相が２票を集めた。そのほかに、１票が川原会長、小林宏治《こばやしこうじ》・日本電気会長、山下俊彦・松下電器相談役、加藤一郎・成城学園長、磯田経営委員長だった。当初計画していた磯田委員長への一任は取り付けられなかった。

経営委が夕方に終わったあと、都内を駆け回って複数の経営委員に会い、会長候補のアンケート結果を聞き出し、朝刊に「川原ＮＨＫ会長、退任へ　後任に島、池田氏有力」という記事をねじ込んだ。島氏について、ある経営委員は「政治家を呼び捨てにするなど傍若無人だが、経営委員に対してもまっすぐに思ったことを言う」と評した。最近のＮＨＫ会長選びでは、「候補者になりながら選ばれなかった人の名前が出ると失礼に当たる」と委員に箝口令が敷かれるが、当時はまだおおらかだった。

　経営委員の間では人気があり票数でトップになった島は政治部で自民党大平派の担当が長かった。他派閥からは島の会長就任に反発する声が強く、磯田委員長の意中の人だった池田氏が本命となった。磯田委員長と池田氏が旧制の神戸二中、三高の同期生という関係から推したのではとの観測があったが、実は親しかったわけではない。6月14日の経営委で次期会長に池田氏が正式に選ばれた。あるＮＨＫ役員は「経団連副会長でもある磯田委員長は経団連会長の座を狙い、三井グループに恩を売るために池田会長を実現させた、という見方がある」と語った。

　外部からの会長を補佐する形で、生え抜きの島氏は副会長に昇格した。島氏は副会長就任にあたり、こう語った。「公共放送の非能率な運営、経営を改めて見返す。ＮＨＫにとって戦後初めてといっていいほどの転換期であるニューメディア時代にいままでのあり方を白紙にする。山ほどの経営課題を抱えているが、ＮＨＫがあらゆるものに手を出して巨大化してしまうので、スクラップ・アンド・ビルドで再構築していかないといけない。骨格的なものはＮＨＫがやり、付随的なものは新しい人と一緒にやる」

7月3日に会長に就任したときに77歳という高齢が危惧された池田氏について、ある経営委員は「ゴルフのドライバーで200ヤード飛ばすというから大丈夫だよ」と言っていた。

ところが、畑違いの放送局では、89年7月に海上自衛隊潜水艦「なだしお」と釣り船「第一富士丸」が衝突した際のスクープ映像を放送したときには「これでいくらもうかるのですか」と局内で質問して、ひんしゅくを買った。耳が遠く、記者会見のやり取りがかみ合わない。

9月ごろには、全国銀行協会会長の伊夫伎《いぶき》一雄《かずお》・三菱銀行頭取と会食した際、池田会長が「受信料の口座振り込みはどうでもいい」とあいさつし、伊夫伎氏が怒って帰る不手際を起こした。後に、島副会長が謝りを入れる事態になった。

不手際を重ねる池田会長の足元を見極めていた島副会長は10月ごろになると、「そろそろ国会でたきつけるか」と、池田会長への揺さぶりをかける発言を周囲に漏らすようになった。NHK会長への野望を見せた瞬間だった。ただ、その必要もなく、池田会長は自滅していった。

予算承認の関門である国会審議に88年12月14日の衆院逓信委員会に初めて臨んだ際は冒頭、得意の英語を盛り込んで延々とあいさつし、唖然とさせた。そのあと、「(昭和)60年度の決算をいまごろ問題にするのはどういうことか。怠けていたのではないか」と発言し、議事録削除の事態に。問題発言が続く池田会長が答弁に立たないように、島副会長が池田会長の体を抑えようとする場面もあった。質疑が終わったあと、与党・自民党の委員からは「はじめから英語のあいさつで不愉快だったんだよ」「島、しっかり補佐しているのか」と怒りの声が飛び交う大荒れぶりだった。89年度から目論んでいたＮＨＫ受信料の値上げは、池田会長の不用意なパフォーマンスで吹き飛んだ。

さらに、89年3月15日には衆院逓信委員長主催の懇談会で、「自民党の先生に現実的ではない、と言われ、私も不偏不党の原則は取り消した」とあいさつし、許せない暴言と反発したＮＨＫの労働組合・日本放送労働組合（日放労）が抗議のストを打った。

風雲急を告げていた。3月30日夜、あるＮＨＫ幹部の自宅を訪れた。「池田会長は辞めないのか」と尋ねた。「三井物産の会長までやったのに、見るに忍びない。ただ本人は正直に言ったただけで、かくしゃくとしている。解任はない」という返事だった。この夜、ある経営委員にも同じ質問をぶつけると、「磯田氏の経営委員としての任期満了は5月11日。自分で決めたのだから、退任に合わせて措置することを考えているかもしれない。臨時の経営委員会？　誰がそんなことを言っているんだ」。

会長の不始末の連続に、経営委員長の磯田氏は動いた。池田会長と3月31日午後、密かに会い、池田会長の辞任が決まった。このあと、同じ日に89年度のＮＨＫ予算が国会で承認された。

この日の午後6時前、渋谷のＮＨＫ14階にあるラジオ・テレビ記者クラブに私はいた。朝日新聞の席にある電話が鳴った。当時、携帯電話はない。前夜に会ったＮＨＫ幹部からだった。

「池田会長が磯田委員長に辞意を表明し受理された」

「理由は」

「本人の辞意だ。きょうの午後4時半には予算も通過したし」

「いつ、どこで会ったのか」

「きょう午後12時半から、東京・丸の内の住友銀行で」

「これからの手続きは」

「会長代行を置くことになる。来週早々、経営委員会を開き、今後のことを決める」

小声のやり取りは短時間で終わった。記者クラブのソファに座り「おかげさまでNHKの来年度予算が承認されました」と笑顔を見せる視聴者広報室長らのわきを抜け、部屋を出た。築地の朝日新聞本社に戻り、池田会長辞任の原稿を執筆した。書き終えると、辞任に至る経緯を取材するため、経営委員の自宅に車を走らせた。居間で会った経営委員はため息をついた。「官僚制打破を期待していたのだが。旧制高校生のような振る舞いで、稚気があるというか、正直すぎたというか」。そして続けた。「会長のために地上波受信料の値上げがつぶれた。磯田さんが注意しても、1週間もするとポロッと失言してしまう。3月23日、28日に住友銀行の秘書を衆参の逓信委員会に派遣し会長の言動を確認させたうえ、磯田さんは決断した」

さらに、「議田さんは責任を取り31日付で委員長だけでなく経営委員も辞任したよ。総理大臣に辞表を提出した」と告げた。本社のデスクに連絡し、政治部で辞表提出を確認してもらうよう依頼した。

4月1日は3％の消費税が導入される日だった。1面トップはこのニュースだった。池田会長の辞任は2番手の扱いとなった。夕刊のない地域に配られる早版は「池田NHK会長が辞任」だけだったが、後版からは「磯田経営委員長の辞任」も入り、ダブル辞任の内容が盛り込まれた。翌日の新聞で2人の辞任を伝えたのは朝日だけだった。経済面には「反発強まる財界主導　NHK会長人事あて外れ」という関連記事が載っていた。毎日新聞は池田会長の辞任だけを報じ、他紙は1行も書いていなかった。

翌4月1日朝、NHKの局内でつかまえた島副会長は「池田会長は国会審議などでいろいろあって、神経的に参ったんじゃないか。きのうの午後、『辞めたい』という電話があった」と、ボソボソとした声で話した。

1日朝にあったNHKの入社式では、島副会長が「池田会長は都合により出席できません。私が代読します」と急きょ代理であいさつした。1日午前11時からは広報室長が記者会見し、「池田会長がきのう辞表を出した。正式受理は4日午後に開かれる経営委員会となる。磯田経営委員長もきのう辞意を表明した」と述べた。

池田会長の後任の本命は、島副会長だ。しかし、決定的な裏付けがなかなか取れない。5日夜、通信社が「NHK会長に島氏が内定」と打ってきた。追いかけざるを得ない。「副会長には小山森也氏」という内容を添えた。

人事が決着した翌6日夜、東京・南麻布にある磯田委員長の自宅を訪ねた。だだっ広い応接間に通された。壁には「バンカーズ・オブ・ザ・イヤー」の横文字の額が飾ってある。

池田会長の辞任の決断を聞こうと口を開くと、「あの経済面の記事は何だ」と怒った口調で言う。「財界の中でも当初から手腕の評価が分かれた池田氏の会長就任は、同氏と個人的に親しいNHK経営委員長の磯田一郎・住友銀行会長の強い後押しもあって実現したいきさつがある。このため、〝財界人事部長〟といわれる磯田氏への風当たりも強まり、同氏も経営委員長を任期を残して辞任することになったとみられる」という5日前の記事のことだ。「私が書いたものではありません」と答えると、「新聞記者はすぐそう言う」と納得しない。当時、一般の記事は無署名がふつうだった。「好きなように書いたらいいではないか」と不機嫌さが消えたわけではなかったが、悔しさを交えながら「池田君の選任や経営委員会のことについては何も言わない。(経営委員となってからの)この6年間、本業以外で最もNHKに力を入れてきた。もう財界活動はしない」と語った。収穫があまりない訪問となったが、歓迎されざる取材には逃げ隠れする役職者が少なくない中で、堂々と応じた磯田氏に悪い感情は抱かなかった。その後、イトマン事件が起こり住友銀行で失脚する磯田氏だが、大物ぶりを感じさせる経済人だった。

大胆な改革をめざした島会長

池田会長の後任として昇格した島氏が会長だったのは20年以上も前になるが、賛否はあるにせよ、現在からみても急進的な改革者だったのは間違いない。予算や事業計画について国会の承認を必要とするNHKの会長として、国会の意向よりも財政基盤を含めたメディア存立の自立性を第一に考えた人物としては島氏が筆頭に位置する。冷戦が終わる激動期であり、放送衛星やハイビジョンの普及をめざすタイミングと重なった。慣例を重んじるNHKの流儀を脱ぎ捨て、島氏は前例のない施策を次々に打ち出した。民放からは「商業化路線」と反発を招いた。89年6月、衛星放送のBS1、BS2の本放送を始め、8月からは有料化（消費税込みで月額930円）された。これまでテレビ地上波だけだった受信料収入に新たな柱が生まれたのだった。

島氏は関連団体の役員に電通や住友銀行、伊藤忠商事などから人材を迎え入れ、番組にかかわる出版やイベント、販売などのメディアミックスを活用した事業を積極的に展開し、民放からは「商業化」という批判を受けながら、売上げアップをめざして突き進んだ。国と一緒に進めて来た衛星放送の打ち上げでも、衛星の万一の故障に備えた「補完衛星」については、コストが安いことから海外の民間の衛星を独自に調達した。

いわば政府や国会の手を離れ、受信料以外の収入を稼ぐことによって、自立度を高める道を歩もうとしていた。4年に1度、赤字が出ては受信料を上げるという従来の路線を改め、衛星放送という新たな財源を生かした独立を図る動きといえた。その延長線上には、米ABCなど欧米の放送局と組んで、全世界のニュースを24時間態勢で結ぶグローバル・ニュース・ネットワーク（GNN）構想があった。島会長自ら、外国を積極的に訪れ、海外の放送局首脳らと話を進めていった。

島氏の基本的な考えは、衛星の技術進展で多チャンネル化は避けられないという見方だった。電波の希少性にもとづく国のチャンネル割り当てで、チャンネル数が限られていたテレビの世界が大きく変わり、膨大に増えるチャンネルへの新規参入者との競争にさらされるという認識である。

島氏はNHKが保有していたチャンネル数の削減の検討を始めた。総合テレビ、教育テレビ、BS1、BS2、ラジオ第1、ラジオ第2、FMの主要7波のうち、ラジオ第2か教育テレビを削減の候補とした。チャンネル数が大幅に増えれば、NHKの占める比率は下がらざるを得ない。それならば保有チャンネルを減らしてでも、マンパワーを集中させて強いチャンネルをもつとともに赤字体質から脱却し巨大化批判に応える方が得策、という発想だった。

私は複数の役員の取材をもとに89年6月、「NHKはメディア数削減の検討に着手し、早ければ今秋に策定する来年度から5~7年間の長期経営計画に盛り込む。削減の候補として、教育テレビとラジオ第2があがっている」という記事を書いた。原稿のなかで、「95年ごろと予想される衛星放送の1000万世帯普及の時点で、地上波の総合、教育テレビのうち1波を削減すべきだ」というNHK首脳の非公式な意向も紹介した。削減対象の理由については、教育テレビが「ラジオに比べ人件費や制作費が膨大にかかるため」、ラジオ第2については「視聴者が少なく、これまでにもＮＨＫ内部で廃止論がくすぶっていた」と記した。

記事の見出しは「ＮＨＫ、電波数の削減検討　まず教育・ラジオ第２」と踏み込んでいた。その直後、ＮＨＫ視聴者広報室長の部屋の前をたまたま歩いていると、開いていたドアの奥から室長が手招きする。室長は「電波数削減の記事について、ＮＨＫとして抗議します」と述べた。「どうしろ、と言うのですか」と聞くと、「抗議を伝えました。これで終わりです」と言う。

ただ、記事に対する抗議がいつもこんなに控えめであるわけではない。以前、東京・築地の朝日新聞のロビーでこのＮＨＫ視聴者広報室長にバッタリ会ったことがあった。「何の用件ですか」と聞くと、「ＮＨＫについて記事を書いた朝日ジャーナルの編集長に抗議に来たんですよ」という返事だった。部屋に手招きして「抗議を伝えました」とだけ言って済ませるのは、形式上、「抗議した」という事実を残すための方策のように思えてならなかった。

間もなくして顔を合わせた島会長から、真顔で文句を言われた。「お前の記事のせいで、自民党から共産党まで国会議員から『教育テレビをなくす気か』と電話がかかってきて、えらい迷惑を受けた。築地の朝日の本社前で座り込んで抗議してやろうかと思ったぐらいだ」

私は批判的な面を主眼としてもっぱら記事を書いてきたので、新聞に掲載されたあと、「なんだ、この記事は」とか「あの野郎」といった取材先からの反応が漏れ伝わってくることはよくあった。例外は、前向きで肯定的な人物の側面に光を当てる「ひと」欄や、故人の業績や人柄をしのぶ「惜別」の記事ぐらいだった。ただ、取材当事者から「本社に座り込んでやる」と言われたのは、後にも先にも島会長だけだった。

この一件から約1カ月後、放送センター21階にあるNHK会長室でインタビューに応じた島会長は、記事に対する苦情をもち出すこともなく、衛星放送の普及に対する並々ならぬ意欲を自信あふれる口ぶりで語った。今から思えば、波に最も乗っていた時期だった。

「1年間に100万、3年間に500万、5年間に1000万それぞれ普及しないとやっていけない」

「多メディア時代になり、ケーブルテレビがどんどん増えていく。放送事業と通信事業の境目はなくなっていく。ひとつのチャンネルにすべての要素を入れている総合商社的編成から専門波に移行していき、自分のほしい情報を自分で見ていくようになる」

「BSは地上波に比べ映像が鮮明。次の世代のハイビジョンにつなげていき、新しい放送として主軸になっていく。ハイビジョンは100万世帯ぐらいになれば新しい料金がほしい」

「新しい公共放送を革新しなくてはいけない。我々が見習うべきはBBCではなく、米国の三大ネットワークだ」

そして、「地上波でNHKの2チャンネルと民放5局がすでにあるなか、新しいチャンネルを作ってサービスをするのはいかに難しいか。昭和34年に教育テレビを開局して3000人近く採用し、現在のNHKは人を増やすどころか、ヒト、モノ、カネを絞らなきゃいけない時期だ。BSの財政的負担は大きく、そんなに簡単にチャンネルができるのか、と私は川原会長以下に言っていた。NHKで新しいことをやるとしたら、私にやらされるに決まっているので反対していた。しかし、川原会長が『どうしても』と言うので、そこまで言うのなら、と何とかクリアしていかなくてはいけない、と腹をくくった」と、BSにかつては慎重な立場であったことを明かした。

海外のメディア王らとの連携も口にした。「2年前、マードックやマクスウェル、ドイツの公共放送ZDFに『一緒に手を組んでやろうじゃないか』と呼びかけた」。従来の枠組みの番組を続け、4年ごとに受信料（地上波）の値上げをするというこれまでの公共放送の経営からの訣別をはっきりと口にした。

結局、電波数削減の検討は沙汰やみとなった。あるNHK役員は「NHKは電波の数を減らさなくてすんだのだから、結果的にもうかった」と笑いながら話した。

好景気の波にも乗り、衛星放送の普及は順調に進んだ。島会長の「改革」路線に異を唱える存在は、NHK内外に見当たらなかった。国会の審議でも、島会長は自らの理念を開陳し、臆することはなかった。

ある理事が参院逓信委員会で、山中郁子議員（共産）の質問に、「中山先生……」と答えようとしたところ、「山中です」とすかさず指摘され、理事はすかさず訂正したことがあった。

このやり取りについて島会長に話すと、こんな返事があった。「国会答弁では『先生、先生』と言ってりゃいいんだ。俺は、委員会の国会議員の席にはウマやシカなど動物が座っていると思っている」。ＮＨＫ内部で権力をほしいままにした島会長は絶頂期にあった。

90年1月4日にあったＮＨＫ職員向けの年頭あいさつでは、「（昨年11月に）ベルリンの壁が開いたのは物理的な力ではなく、世界を飛び交う電波が的確に伝えたという情報化社会が大きな原因の1つだった。昨年、ＮＨＫが行った衛星放送の本放送、ハイビジョン実験放送は放送史に残る。今年はこれまでの概念にとらわれないニューメディア時代の公共放送というＮＨＫにとって新しい時代となる。古い体質を変え、健全なジャーナリズムのために、ＮＨＫを白紙で見直さなくては、21世紀には存在しないかもしれない。今年が正念場になるのではないかと考えている。権力をただし、大衆に迎合することなく、新しい放送を開拓しようではないか」と檄を飛ばした。

1月12日の定例記者会見でも「これからの10年間は競争の革命的な時代を迎える。放送は実態として通信と同じようになるだろう。これまで、いいドラマ、ニュース、歌番組を見てください、と作った番組を視聴者に見せてきた。視聴者は我々か民放を選択するだけだった。5年、10年たつと、好きな番組を好きな時間に見られるようになる」と、転換期にあることを強調していた。

前年の89年9月13日にあった定例記者会見で、**島会長は「紅白歌合戦はかなり長く国民的行事として続いてきたが、番組に永遠はない。紅白に代わるものはないかと数年前から思っていたが、現場が『代わるものはなかなかない』と言うので、今年は一応引き続きやる」と、年間**

で最も視聴率が高い看板番組の存廃に言及した。
会長に近いある理事は「島さんは『十年一日のごとく、男と女が交代で歌ってバカか』と数年前から言っていた。しかし、視聴率が落ちるのが怖くて、紅白の代替案は出てこない」と語った。

政治記者として政界に影響力を浸透させると同時に、政治家の力をNHK局内での自らの発言力に利用したのは島氏が残した禍根である。清廉潔白というイメージから程遠いことは自身も知っていた。会長に就任した89年4月12日の記者会見で、「自民党に密着しているとかエージェントとかよく言われるが、あらゆる方々と付き合い、影響されない形でやってきた。ただ、態度が大きく評判が悪いのは私の人徳が到らないところもある」と認めている。報道局長時代の81年2月、「ニュースセンター9時」で「ロッキード事件五年」の企画の放送を、直前に局長判断でカットした「ロッキード報道事件」でワンマンぶりは知れ渡っていた。報道局スタッフは島局長を激しく追及したが、7月にあった管理職の人事異動で、追及の側に立った政治部長や社会部長ら多くの人間が軒並み対象となった。

自らの考えを強引といえる形で実現させようとするとともに、ダメだと判断した部下は次々に更迭し、局内で強い反発が増していった。毒をもって毒を制する手法が、最終的には通用しなくなった。

海老沢氏は入局が島氏より5年遅れの後輩だった。政治部でともに発言力を強め、ともに報道局長を務めた。海老沢が企業でいえば取締役にあたる理事に就任したのは島氏が会長のときだった。政治部長、報道局長と中枢を歩んできた海老沢氏の理事昇格は順当と見られていた。

しかし、会長となった島氏は周囲に、理事となった海老沢氏について「頭が古い」「記者クラブ的な発想だ」と周囲に漏らすようになる。海老沢理事が出身母体の政治部勢力によってNHKを支配するのではと懸念した、と見る向きもあった。海老沢氏は91年4月、1期2年で理事を外された。このとき、海老沢氏はNHKのある先輩役員の部屋に血相を変え飛び込んできて、「切られた」と漏らした、という。91年6月にNHKエンタープライズ社長に転じた。

島氏が辞任した直接の原因は、国会での虚偽答弁だった。91年4月19日（現地時間18日）にNHKが米国で放送衛星「BS3H」を打ち上げた際、島氏がいた場所について、本来いたロサンゼルスのホテルではなく、「（ニュージャージー州にある）GE（ゼネラルエレクトリック）のヘッドクオーター」と、4月24日の衆院逓信委員会で答えたのが後に問題となったのだった。

島会長を中心とした先鋭的といえる戦略には、局内でもすべてが賛成していたわけではない。「受信料中心主義」からの急激な転換を疑問視する声は局内外にあった。こうした中で起こったのが、島会長の「国会虚偽答弁」問題だった。91年4月24日の衆院逓信委員会で、4月19日に放送衛星「BS3H」が打ち上げられたときにいた場所を尋ねられた島会長が「（ニュージャージー州の）GE（ゼネラルエレクトリック）のヘッドクオーター」と答えた。しかし、実際にいたのはロサンゼルスのホテルだった。事実の食い違いが同年7月2日に明るみに出て、島会長への追及が始まった。島会長は誤った答弁をしたことを認め、「勘違いだった」「疲れていた」と釈明したが、批判は収まらなかった。

島会長批判の急先鋒は、虚偽答弁となった衆院逓信委員会の野中広務委員長だった。自民党竹下派の野中委員長は「事実と異なる答弁をしていたことは重大なことと受け止めている」と述べ、責任追及の流れを作った。島会長と関わりが深かったのは自民党宏池会だった。野中委員長の発言の背景に、竹下派の前身である田中派を長く担当した海老沢氏の影を指摘する声が上がった。

「関連会社をつかった裏金づくりが行われているのではないか」「職員でない女性を海外出張に同行させている」といったスキャンダル報道が、週刊誌を中心に相次いだ。島体制への不満が噴出したかのように、さまざまな疑惑が取り上げられた。NHK内部と政治家の一部が呼応するかのような動きを見せ、島会長の追い落としの意図が明確だった。結局、島会長は7月15日、「公共放送に対するみなさまの信頼を失いかねない、重大な責任を痛感している」として辞意を表明した。

会長に就任したあと、受信料収入だけに頼るのではなく、民間企業との連携による副次収入の大幅増をもくろむ経営方針に転換した島氏の手法には、NHK内外から懸念の声があった。

政界も例外ではなかった。島氏の虚偽答弁を追及する姿勢を崩さなかった国会議員の動きが、島氏の辞任につながった。91年7月、1期目の任期途中、島氏はNHK会長の座から去らざるを得なくなった。

放送波の再編を考えていた

会長を辞任して1年半ほどたった93年3月、島メディア研究所をたちあげた島氏に久しぶりに会った。東京都港区にある自宅のマンションだった。離婚していた島氏は掃除にまで手が回らないのか、部屋の隅にはほこりがうっすらとたまっていた。

しかし、インターネットに取り組もうとしていた島氏は意気軒昂だった。取材で聞きたかったのは、島氏が会長時代にNHKエンタープライズや住友銀行、伊藤忠商事などと出資し海外を視野に入れた番組ソフトの制作、展開のために設立した国際メディア・コーポレーション（MICO）が進めていた欧米での日本語テレビ放送やCNNインターナショナルなどとの世界的なテレビネットワークの可能性についてだった。

予定していた質問を終え、NHK時代に考えていたことを尋ねてみた。すると、驚くべき構想を練っていたことを島氏は明らかにした。

「92年に放送衛星BS4を打ち上げた時点で、『第1NHK』と『第2NHK』に分割する構想を考えていた。第1NHKは総合テレビとBS1、ラジオ第1。残りの第2NHKは第三セ

クターか民営化し、教育テレビは放送大学と一緒にするつもりだった。本来なら、今ごろは実現していたはずだった」

公共放送を分割し、一部は民営化することを視野に入れた大胆な計画。実施しようとすれば、国会、中央省庁だけでなく視聴者からの大きな反発が起こるのは必至で、実現には疑問符がつく。しかし、NHK会長がこうした構想をもっていたこと自体が、想像を超えるものだった。

話はさらに続いた。

「俺が会長になるとき根回ししなかった。首相経験者から『あなたが放送法に則って初めてNHK会長になった』と言われた」

「紅白歌合戦や大河ドラマ、国会討論会はやめるつもりだった」

「川口（幹夫）会長になって、坂本（朝一）、川原（正人）会長時代に戻った。スタッフも事なかれ主義だ。NHKは個人の力ではいかんともしがたい」

エネルギッシュな話を聞き終えて辞去するとき、「また顔を出せよ」と、ぶっきらぼうな声をかけられた。生前に聞いた最後の言葉だった。島氏は96年6月、68歳で逝った。

著書『シマゲジ風雲録』では、「NHKがいま以上に巨大化する必要性を視聴者である国民に、十分納得させることができるだろうか」と述べ、「さらなる値上げが必要になったときには、また政治家の力が必要になる」として、持論ともいえる保有電波の縮小論を記している。

「私見を述べれば、NHKは解体分割を辞さない決意で地上波、衛星放送波、ラジオ電波のいくつかを整理すべきなのだ。具体的には現行の十一波（地上波テレビ二、衛星放送波二、海外放送を含むラジオ四、文字放送一、映像国際放送一＝平成七年四月放送開始、ハイビジョン実験放送二）を、地上波二、衛星一、ラジオ三程度に縮小する。少なくとも衛星放送二波のうち1つは返上すべきである」

17年に大きな議論となったNHKのインターネットによる常時同時配信でも、公共放送の肥大化が論点の中心にあった。肥大化批判を先取りする形で、保有電波の縮小を主張したのは、島氏の慧眼といえる。また、値下げ論があっても値上げ論が語られなくなった受信料の〝最後〟の値上げと衛星放送料金の新設を実現させ、受信料改定のたびに政治家に〝お願い〟する手順から離れようとしたのも、政治に弱いNHKの体質を見抜いていたからだろう。

穏健路線だった川口会長時代

島氏が辞任した会長の後任にNHK交響楽団理事長の川口幹夫《かわぐちみきお》・元NHK専務理事が91年7月に任命された。93年4月、海老沢氏はNHK専務理事にNHKエンタープライズ社長から転じ、本体に復帰。94年10月には副会長に昇格した。

川口会長は島氏の拡大路線の否定を前面に打ち出した。島氏は多メディア化によるソフト不足とその高騰を見込み、大型番組の海外との共同制作、出版など放送にとどまらない番組の二次利用を積極展開するメディアミックスを推進した。従来の公共放送では手をつけてこなかった領域の仕事をするため、ＮＨＫエンタープライズなどの関連会社を活用し、ＮＨＫのＯＢが大半を占めていた関連会社の役員に、伊藤忠商事や電通、住友銀行など他業種の幹部を起用した。商社や銀行に呼びかけ設立した映像ソフト会社「国際メディア・コーポレーション」（ＭＩＣＯ）は映画に積極的に投資するなど、再編成した関連会社の副次収入を大幅に増やし、「ユナイテッド・ステーツ・オブ・ＮＨＫ」をめざしていた。報道面においては、島氏が91年にも始動を計画していた地球規模の24時間ニュース網「ＧＮＮ（グローバル・ニュース・ネットワーク）構想」については白紙に戻した。川原会長時代以前の「受信料中心主義」に回帰した。

これに対し、川口会長は「調和と前進」をスローガンにし、番組の質の向上を第一に掲げた。頼りになる、ためになる、楽しめる、の3つの「た」を重視する、とうたった。ひとことでいえば、民放などから「商業化」と批判された島氏の拡大路線を軌道修正し、受信料中心の旧来型の公共放送に立ち戻るものだった。就任から1年後の92年6月3日の記者会見では「民放は企業としての歴史をもっている。ＮＨＫの関連団体には役割とイメージがある。副次収入をとにかく増やせ、とは言わない」と抑制的な姿勢を心がけていた。

番組面では、92年4月から総合テレビで金曜日に時代劇と現代劇のドラマ2本立てを始めたほか、教育テレビで小中学生向け番組を集中的に編成、ラジオ第1では「ラジオ深夜便」を大幅拡充した。93年4月には、月曜から木曜まで夜8時40分から20分間の帯ドラマ「ドラマ新銀河」をスタートさせ、89年まで続いていた「銀河テレビ小説」を復活させる形となった。報道に力を入れてきた島会長時代と一転して、娯楽番組の強化路線に舵を切った。生活情報番組「ためしてガッテン」は95年3月にスタートし、95年11〜12月には、山崎豊子氏原作の日中共同制作ドラマ「大地の子」が7回にわたり放送された。会長として2期目に入った94年夏には、紅白歌合戦と大河ドラマ、朝の連続テレビ小説について、「やめるつもりはありません」と、従来の路線を続ける考えを明言した。既存の番組や考えを大胆に変えようとした島氏とは、真逆の姿勢を示したのだった。

ＮＨＫ会長の諮問機関が93年2月にまとめた「21世紀への展望とＮＨＫの課題〜ＮＨＫの将来構想」で、「ラジオ1波と文字多重放送を削減する」という目標が示された。民放のＮＨＫ巨大化批判に対応する格好で、川口会長も93年2月に語学講座や株式、気象情報などを放送する「ラジオ第2放送」の削減を打ち出した。しかし、94年11月の衆院逓信委員会で、川口会長は「ラジオの聴取者からの反論が多く寄せられた」として、ラジオ第2の削減構想を撤回する方針を明らかにした。

川口会長は「紅白歌合戦」の名プロデューサーとしてならし、ドラマ部長や放送総局長など番組制作の中枢を歩んだ。86年に専務理事・放送総局長からＮＨＫ交響楽団理事長に転じていた。民放や演劇、音楽界など在野に幅広い人脈をもち、番組を正しく評価する「目利き」としては放送界随一といわれる存在だった。

しかし、川口会長に近い存在だった元ＮＨＫ理事は「川口さんが会長として在任した6年間は『陽だまりの時代』だった」と評した。思い切った方針を打ち出さず、のんびりと時間を過ごした、というのだった。川口会長が残した最も大きな足跡は、右側に15度傾斜したゴチック体のシンボルマークを、たまごを包むような柔らかなものに変えたこと、と評する人もいる。生え抜き会長で任期をまっとうしたのは川口会長が最後という事実は、「調和」を重んじた結果ともいえる。

メディア王といわれるルパート・マードック氏の「ニューズ・コーポレーション」と孫正義氏が率いる「ソフトバンク」が中心となってＣＳデジタル放送をめざす「ＪスカイＢ」から要望されたＮＨＫソフト提供に対し、96年9月、川口会長は「利潤第一の企業と公共の福祉を目指すＮＨＫとでは性格が違う」と断った。従来の公共放送から踏み出す判断には慎重な態度を崩さなかった。

ＮＨＫといえば、お堅い印象がある。その象徴といえるのは、１９６２年から使われていたＮＨＫのゴチック体の文字が右側に15度ほど傾いたロゴだ。95年3月22日の放送開始70周年開始日から、３つの卵の中にＮＨＫの3文字が入る「新ロゴマーク」の使用を始めた。丸みを帯び親しみやすさを打ち出したロゴマークは、かつてのロゴほど強い存在感を示してはいない。

ＮＨＫは日本放送協会の略称だが、１９３９年に創立され、ばねを作っている日本発条株式会社（本社・横浜市）が、英文社名として「ＮＨＫ　ＳＰＲＩＮＧ」を海外登記し、日本放送協会より以前に使っていた。戦後、日本放送協会が「ＮＨＫ」の使用を日本発条に求め、産業分野が異なることもあり、共有して利用するようになったという。日本発条は国内では「ＮＨＫニッパツ」というロゴを10年ほど前から使っている。ＮＨＫの３文字は傾いておらず、直立している。

川口氏が14年に88歳で亡くなる3年前の11年、会長時代を振り返ってもらったことがある。「安定していた6年間だった。私自身は新しいメディアを何かやろうとは思わなかった。心に訴える番組の本質が良ければいい、という考えだった。ただ、番組制作者としては満足していたものの、経営者としては満足していなかった」という電話口から聞こえてくる総括はいつものように穏やかで、誇張は感じられなかった。

その川口氏が会長になってから1年7カ月後の93年2月、ＮＨＫスペシャルのドキュメンタリー「奥ヒマラヤ禁断の王国・ムスタン」で多数の虚偽・捏造があったと、私は同僚と報じた。ネパールの奥地にあるムスタンの過酷な自然と風土を撮影した番組だったが、絶滅の危機に瀕する動植物の保護を目的としたワシントン条約で国外への連れ出しが厳しく規制されているオオカミを大阪市天王寺動物園に引き取らせたうえ、それを番組放送日にニュースにしたほか、日産自動車から１０００万円以上の資金提供（実際には１７００万円）を受け番組に同社のステッカーを張った自動車が7秒ほど映っていた事実も明るみに出た。制作を担当したチーフディレクターが停職6カ月になったのをはじめ7人が処分され、理事・放送総局長ら4人が更迭された。「ムスタン」は、NHKがやらせを公式に認めた唯一の番組となっている。

やらせ問題が審議された2月25日の参院逓信委員会で、川口会長は「メディアミックス化は昭和57年（1982年）ごろからで、63年（1988年）から急速に倍加しました。番組を作るのに絶えず先のこと、外国に売れるとか、ビデオ化になって販売はどうだ、本になるのかというふうなことが番組企画の先に議論されるような形になったと聞いております。そういうふうなことが、結果的には職員の中に心の空洞みたいなものを生んできたことがあるんじゃないかというふうに思っています。よりどころがなくなってしまった、どういうふうに我々は生きていいのかわからなくなったという感じの訴えもありました。そういうのが行き過ぎますとどうしてもいわゆる商業化というものの影響が出てまいります。ですから、何よりもまず視聴者を大切にしようということを考えました。視聴者の方に向き合いなさい、向き合って絶えず話をしなさいと言ってまいりまして、1年半かかってやっと気持ちの上ではみんながそっちの方に行こうというふうに思ってきたと思います。NHK構想で一番大きく書いたのは、いたずらなる肥大化をしない、むしろスリムな体質にすることが公共放送NHKのひとつのあり方ではないかということを前提にして書いてございます」と述べた。

この報道から数カ月後、NHKの幹部とラジオ・テレビ記者会が会費を出し合って年2回開かれる懇親会が東京・渋谷のＮＨＫの会議室で催された。開会より数分早く会場に着いた私に向かって、少し離れた場所にいた海老沢専務理事が「ＮＨＫで一番嫌われている記者がいるな」と、大きな声で言った。いつものギョロッとした目つきだったが、目は笑っていなかった。会場ではＮＨＫ幹部たちの乾いた笑いがそこかしこに起こっていた。

川口会長時代、ニュース報道である原則が導入された。96年10月にあった総選挙報道から「有権者の声」の取材、放送を自粛することを決めた。各地方放送局の選挙担当デスクに「個々の政策や投票に関して、街の声を安易にインタビューすることを慎む」という注意書きが伝えられた。「小選挙区制導入で、選挙報道ではとくに公平・公正であることが求められるため」とＮＨＫは説明したが、「あまり自己規制を強めるのは言論機関としての任務放棄だ」という批判が出た。

民放キー局の報道局長は「自粛ということは考えられない」（フジテレビ）、「報道機関として自主規制しすぎたのではないか」（テレビ朝日）、「質問の仕方を工夫することで、特定政党の批判に偏らない報道は可能だ」（日本テレビ）と疑問の声が相次いだ。

念願の会長に上りつめた海老沢氏

川口氏から会長の座を受け継いだ海老沢氏は97年7月に副会長から昇格したあと、「トップに就任したとき『図らずも』とよく言うが、私は謀って謀って会長になった」と打ち明けていた。ソフト不足への危機感を募らせていた島氏とちがい、「多メディア多チャンネル時代でもソフト不足は起こらない。あくまで需要と供給の関係で決まることだ。映像ソフト会社のMICOにも、私は反対だった」とかねて述べていた。その一方、国会対策には余念がなかった。

7月31日の就任会見で、「BSを軸にデジタル化を進め、CSデジタル参入の考えはない」と表明した。従来の路線を大きく変えない考えを示した。

会長就任半年後の98年1月、本部の局長と地域拠点局長を集めた会議で、海老沢氏は「改革と実行　元年」と題し、あいさつした。「一部地域では、われわれより日本テレビ系の民放の方が、ネットワークを生かし、さらに地域に密着した、身近で頼りになる、役立つ放送をしているという傾向が、最近出てきています。それぞれの局の事情があると思いますけれども、民放より質、量ともに上回る放送をしていかなければ、公共放送も危機的状態に陥るだろうと思っています。これからの地域放送の進め方については、そのへんも十分に勘案しながら放送計画を立てていきませんと、後れをとってしまうのでは。したがって、拠点局は、できるところは（午後）5時台から首都圏と同じように実施してもらいたいと思っています」「われわれは、民営分割という一部にある考えを論破し、NHKというものは、公共放送として日本にとって必要なんだということを、毎日毎日が勝負ですから、示していくことが重要であると考えます」

98年2月に開催された長野冬季五輪では、「BSで、ぜんぶやる」をキャッチフレーズに衛星第1（BS1）で全競技を中継した。中継はハイビジョン制作を中心にした。

98年4月の番組改編では、「ニュース・情報番組の強化」「地域放送の充実」「地域からの全国発信の増設」が総合テレビの方針となった。99年4月の改編でも、「夕方5時台の地域向け情報番組の拡充」が打ち出された。こうした方針は、後に地方局からの生中継増加などで負担増の訴えが出される素地を作ることになる。

政治記者出身の海老沢会長は報道、スポーツに力を入れたが、受信料中心の路線は引き継いだ。海老沢会長に連なる政治部出身者が重用されるとともに、04年7月に前田義徳《まえだよしのり》氏（在任1964〜73年）以来の会長3選を果たした海老沢氏の影響力が局内全体を覆い尽くす体制を築いた。海老沢会長や会長に連なる幹部を批判する声は聞こえなくなり、会長にとって不都合な事態は隠蔽されていった。

海老沢会長時代の90年代から00年代にかけては、政治について鋭く突く評論家や作家を報道番組に出演させるのを避けようという空気が働いていた、とある報道局のプロデューサーは証言した。このプロデューサーは「具体名をあげれば、政府の経済政策に批判的な内橋克人氏や田中元首相に厳しい立場を貫いていた立花隆氏ら。幹部を通じ、あうんの呼吸で自己規制が浸透していた」と語った。

国会議員への強いパイプを生かし、官邸や永田町からの批判もほとんど聞かれなかった。会長として3期目を迎え盤石とも見られた支配が崩れたのは、紅白歌合戦などを担当したプロデューサーの制作費横領という不祥事からだった。この一件を機に、カラ出張や水増し請求など金銭にまつわる不祥事が相次いで発覚した。

芸能プロデューサーの不祥事が明らかになったのは04年7月20日。関根昭義放送総局長が記者会見し、1900万円の不正支出があり、一部に横領があったと発表したが、『週刊文春』が独自に取材を進めていた。NHKはチーフプロデューサーを7月23日に懲戒免職するとともに、詐欺容疑で告訴した。担当した「BSジュニアのど自慢」や「紅白歌合戦」などの番組で、知り合いのイベント企画会社社長に放送作家の名目で仕事をしてもらったと偽り、1997年から2001年にかけ88回にわたり不正な支払い手続きをして、計4800万円余を引き出していた。内部調査では、チーフプロデューサーはキックバックされた金の使い道について「業界の仕事仲間や職場の若手を連れて遊んだ」と述べていたという。

元チーフプロデューサーと企画会社社長は12月4日に詐欺容疑で警視庁に逮捕され、だまし取った金額は4000万円余と見られていた。元チーフプロデューサーは5回にわたり起訴され、東京地検が立件した制作費流用の被害額は約6230万円で、総額では少なくとも約1億7000万円に達し、05年3月29日に捜査が終了した。東京地裁は06年3月28日、「愛人との交際費など私的な資金を工面するため犯行に及んだ。身勝手な動機に汲むべき余地はない」として。被告の元チーフプロデューサーに懲役5年（求刑・懲役8年）の実刑判決を言い渡し、その後に確定した。

苦難を乗り越えて無名の人々が成功をつかみ取るストーリーを取り上げたドキュメンタリー番組「プロジェクトX」は2000年3月にスタート、中島みゆきの主題歌、田口トモロヲのナレーションと相まって人気を集めた。海老沢体制下の代表的な人気番組となった。

しかし、04年7～8月に東京都内で特別展「プロジェクトX21」を開いたとき、41社に協賛を求め、19社が賛同。そのうち、企業から最高で3150万円の協賛金を集めたことが明らかになった。不正経理などの不祥事をめぐり衆院総務委員会に参考人招致された海老沢会長は「放送法上、問題ではないか」と追及された。質疑で、放送現場の総責任者である関根放送総局長が協賛企業を募る際に同席したことも明らかになった。関根総局長は「イベントはNHK本体が企画した。営利目的ではない。協賛金は子会社が扱ったが、私自身もいくつか知っている企業に顔を出した」と述べたうえ、協賛金は1社あたり「最高で3150万円、最低で315万円」と答え、「運営費などにあて、入場料も安くできた」と説明した。NHKの名のもと、企業の宣伝にもなる点を突いたイベントは、公共放送の一線を超えたものではないかという指摘が、不祥事が明らかになったあと、ようやく表に出てきたのだった。

その背景には、**順調に契約が伸びていた衛星放送による収入によって財政が潤沢となり、経**

理がルーズになっていたことがあった。「少し堅苦しいけれど実直」というかつてのＮＨＫ職員のイメージは、過去の虚像となっていた。待遇や金回りが良くなるとともに、倫理性を失っていった。受信料という公金に近い性格をもつものをずさんに扱ったことに、視聴者の怒りは燃え上がった。前例のない受信料支払いの動きが広がり、海老沢会長は05年1月、任期途中での辞任に追い込まれた。視聴者の「反乱」に屈したのだった。

ＮＨＫが政治に対する最大の「自己規制」をはたらかせた番組といえるのは、慰安婦問題を扱った「ＥＴＶ２００１」だった。海老沢会長時代の01年1月に放送されたのは、象徴的な出来事だった。その余波は長く続いた。

3章　政治家を傷つけない中立的ニュース

「政治介入では」と議論を呼んだ、慰安婦問題をテーマにすえた番組「ＥＴＶ２００１」が放送されたのは海老沢勝二会長時代の２００１年１月。その後、放送内容をめぐり、取材に協力した市民団体がＮＨＫなどを相手取って損害賠償を求める民事訴訟を起こし、政治家との関わりも審議した控訴審の判決が下されたのは、橋本元一《はしもとげんいち》会長時代の07年１月だった。どんな経緯をたどっていたのか。

戦時中の慰安婦問題を扱った「ＥＴＶ２００１」の「問われる戦時性暴力」は01年１月30日に放送された。１月29日から２月１日までの４回シリーズ「戦争をどう裁くか」の第２回だった。00年12月に都内で市民団体「『戦争と女性への暴力』日本ネットワーク」（バウネット）が、アジア各国の非政府組織（ＮＧＯ）とともに、民間法廷「女性国際戦犯法廷」を開いた。

放送前日の１月29日、松尾武専務理事・放送総局長と野島直樹・総合企画室担当局長が安倍晋三官房副長官を訪ね、番組の説明をすると、安倍副長官は慰安婦問題のむずかしさや歴史認識問題と外交について持論を語ったうえで、「こうした問題を公共放送であるＮＨＫが扱うのであれば、公平公正な番組になるべきだ」と述べた。面談からＮＨＫに戻った２人ら幹部が「天皇や日本政府の責任への言及が断定的すぎる」「民間法廷の意義が強調されすぎている」などと指摘し、５カ所の修正や削除が決まった。さらに、放送当日の30日、松尾総局長と伊東律《いとうりつ》子《こ》番組制作局長が協議し、元日本兵が民間法廷で証言しているシーンと元慰安婦の中国人女性が証言中に泣き出し失神するシーンなど３カ所について、「削除しておいた方が安全なのではないか」として、削除を指示した。

　こうして改変が重ねられた「問われる戦時性暴力」の放送内容について、取材に協力した市民団体・バウネットは「民間法廷をつぶさに取り上げるとした事前説明と異なっていた」として、ＮＨＫと制作会社のＮＨＫエンタープライズ、孫請けのドキュメンタリージャパンの２社に計４０００万円の損害賠償を求め、01年7月に提訴した。

　一審の東京地裁は04年３月、ドキュメンタリージャパンのみに１００万円の賠償を命じる判決を出した。

　控訴審の東京高裁では07年１月、「ＮＨＫは国会議員などの『番組作りは公正中立であるように』との発言を必要以上に重く受け止め、その意図を忖度して当たり障りのないように番組を改変した」と認定し、ＮＨＫと制作会社２社に計２００万円の支払いを命じた。

放送事業者の編集権は憲法上尊重されるが、ドキュメンタリー番組、教養番組では、取材者の言動により取材対象者が番組に何らかの期待を抱くのもやむを得ない「特段の事情」が認められるときは番組への期待と信頼が法的に保護されると、一審と同様の認定をした。そのうえで、今回は「特段の事情がある」として、期待と信頼を侵害した3社の共同不法行為を認定、「ありのまま伝える」という事前説明と異なり、旧日本軍の性暴力被害者の証言や判決がカットされた内容変更を原告側に伝えなかったことも「説明義務違反」と指摘した。

政治との距離を問われた「ETV2001」の番組改変問題

控訴審判決などによる改変の事実関係は次のようなものだった。

01年1月24日、2回目の試写があり、「法廷との距離が近すぎる」と批判し激怒する吉岡民夫教養番組部部長に、担当してきた制作会社ドキュメンタリージャパンの広瀬涼二氏は「これ以上は続けられない」と話し、素材をNHKが引き上げることになった。

1月26日、普段立ち会いが予定されていない松尾専務理事・放送総局長、国会担当の野島総合企画室担当局長が立ち会って試写を行い、米山リサ・米カリフォルニア大准教授の発言や元日本兵の証言シーンなどを削減する1回目の修正がなされた。

「女性国際戦犯法廷に批判的な人のインタビューを入れてほしい」という伊東番組制作局長の要望で、秦郁彦・日本大教授の自宅で28日にインタビューすることになった。28日夜には、秦教授のコメントを加えたうえ、民衆法廷での「判決」や「有罪」といった言葉を削除した内容の番組枠（44分版）ができた。

29日夕方には、試写のあと、松尾、野島両氏と伊東局長、吉岡部長で協議、その指示を反映、ほぼ完成した修正版（43分版）ができた。野島理事からは「海外のメディアの反応のうち、日本政府、昭和天皇の責任に触れているところは削除」「女性法廷の判決内容を全面削除」などの指示が出されたほか、米山准教授の発言が数カ所削られ、秦教授のインタビューがさらに追加された。

さらに放送当日の1月30日、伊東局長と相談した松尾総局長から「経営判断だ」として、旧日本軍兵士と元慰安婦女性の証言部分などの削除が指示され、番組「問われる戦時性暴力」（40分版）が完成。制作に携わる者の制作方針を離れて編集されていき、午後10時に放送された。

番組放送前に右翼団体から抗議されてNHKが敏感になっていた折、予算の国会承認を得るため各方面へ説明する時期と重なり、番組が予算編成に影響を充てないようにしたい思惑から、29日午後4時ごろ、**松尾総局長と野島局長が安倍晋三官房副長官と会った際、安倍副長官から番組作りは「公正中立の立場で報道すべきではないか」との発言がなされた。松尾総局長と野島理事が相手の発言を必要以上に重く受け止め、その意図を忖度して当たり障りのない番組にすることを考えて試写に臨み、その結果、改変が行われた。**

一審判決と控訴審判決の間に、NHK職員の新たな証言があった。05年1月13日、「問われる戦時性暴力」の長井暁デスクが「政治的圧力があった」と記者会見して明らかにしている。長井氏の告発後には「問われる戦時性暴力」の永田浩三チーフプロデューサーが、試写後の番組改変について野島局長から指示を受けたうえ、「毒を食わらば皿までだ、と言われた」と控訴審で証言した。05年1月には朝日新聞が、自民党衆院議員の安倍晋三氏と中川昭一氏が放送前にNHK幹部と面談し「偏った内容だ」などと指摘していた、と報道した。

ところが、08年6月の最高裁判決で、横尾和子裁判長は「番組内容に対する取材対象者の期待は、原則として法的保護の対象とならない」として、NHKなどに計200万円の支払いを命じた2審の東京高裁判決を破棄し、原告の請求を棄却する判断を示した。

番組改変についてのNHKの公式見解は「政治的圧力で改変されたとの主張は誤り」である。一審から上告審まで、この姿勢に揺らぎはなかった。市民団体が要求した番組改変についての検証番組の制作についても終始、後ろ向きだった。しかし、これは建前にすぎない。番組制作に携わった多くのスタッフが改変の事実を指摘している。

こうした指摘を否定しようとするかのように、NHKは06年5月26日、改変訴訟でNHKに不利となる証言をした衛星放送局の永田浩三統括担当部長をライツ・アーカイブスセンターのエグゼクティブディレクターに、番組改変を05年1月13日に記者会見して告発した番組制作局教育番組センターの長井暁チーフプロデューサーを放送文化研究所主任研究員に、と、6月5

日付の人事異動で、番組制作の現場から外す措置を取った。人事異動の理由を質問した私に、人事部の担当者は「永田さんはこれからのコンテンツをどう利用するか、番組制作などの経験を生かした開発してもらいたい。長井さんは中国に詳しいので、中国の放送を調べて貢献してもらいたい」と答えた。ある理事はこの2人の人事に反対したが、強行された。6月1日の定例記者会見で、橋本会長は「適材適所で考えた」と説明した。

長井氏は09年3月末に退局し親類が営む会社を手伝うことになり、永田氏も09年に武蔵大教授へと転じた。

ただ、放送前にあった政治家とNHK幹部との面会の記録は明らかにされていない。具体的にどのようなやり取りがあったのか、詳細がはっきりしていない。仮に政治家から「圧力」があったとしても、圧力の具体的な指示が明確になることはきわめて稀だ。「ETV2001」の番組改変もこの例に漏れず、圧力の「証拠」は明確には示されていない。

永田氏が10年7月に出版した『NHK、鉄の沈黙はだれのために――番組改変事件10年目の告白』（柏書房、2010年）では、二審判決が出たあとの06年、永田氏が伊東律子氏を東京・駒場のレストランに呼び、放送直前の修正の実情について尋ねたときの伊東氏の言葉が記されている。

「本当のことを言いましょうか。でも、この話がもれたら、永田さん、あなたからもれた

という ことだからね」

いつかのように、彼女は凄んで見せた。

「じゃあ言うわよ……。会長よ」

「えっ、海老沢会長ですか」

「そう、会長。それ以上は言えない」

（中略）

「ところで、会長がどうしたのですか」

伊東さんは、何も答えなかった。


海老沢会長は放送当日の1月30日午後4時ごろ、伊東局長と面会。伊東氏は05年7月にあった控訴審の陳述書で、「会長からは『この問題はいろいろ意見があるからな。なにしろ慎重にお願いしますよ』と言われました」と述べている。

10年8月、私の取材に対し、海老沢氏は「本は読んでいない。伊東さんを傷つけることになりかねないのでコメントはしない。事実関係はこれまで主張し、最高裁が判決で認めたとおり」と答えた。

NHKの公式見解によると、01年1月30日午後4時ごろ、秘書室秘書主幹から電話を受けた伊東局長は会長室を訪れた。伊東局長は番組の概要について説明し、難しいテーマなので慎重にやっていることを伝えた。これに対し海老沢会長からは特に具体的な指示はなかった。時間は5分程度。やりとりについて、会長は記憶していない、となっている。

08年6月の最高裁判決では、「伊東及び松尾の指示に基づき、元慰安婦らの証言場面の一部と加害兵士の証言場面等が削除されたため、最終的に完成し、放送された本件番組は約40分のものとなった」と認定された。

また、海老沢氏は05年7月、朝日新聞の取材に対しては「政治的圧力を受けたわけではない。我々の編集権でやった」と話している。

05年に番組改変問題が表面化した翌06年3月31日、NHKは「放送ガイドライン」を発表した。放送ガイドラインの冒頭の項目で「自主自律の堅持」を掲げた。「報道機関として不偏不党の立場を守り、番組編集の自由を確保し、何人からも干渉されない。ニュースや番組が、外からの圧力や働きかけによって左右されてはならない。NHKは放送の自主自律を堅持する」とうたった。続けて、「全役職員は、放送の自主自律の堅持が信頼される公共放送の生命線であるとの認識に基づき、すべての業務にあたる。日々の取材活動や番組制作はもとより、放送とは直接かかわりのないNHKの予算・事業計画の国会承認を得るなどの業務にあたっても、この基本的な立場は揺るがない」と宣言した。

上告された番組改変訴訟について、最高裁は08年6月12日、二審判決を破棄して請求をすべて退ける判決を出し、NHKは逆転勝訴していた。取材を受けた側が番組内容に抱く「期待と信頼」は、原則として法的保護の対象にならない、という判断だった。政治家に対する忖度についても言及しなかった。

NHK幹部のふるまいに強い違和感を示したBPO

法的には結論が出た。検証を求める声が絶えなかったが、NHKは動こうとしなかった。最高裁判決に不服だった市民団体「放送を語る会」は08年6月27日、NHKと経営委員会に「最高裁は『NHK幹部は政治家の意図を忖度して番組の改変を行い、編集権を自ら放棄した』という東京高裁の事実認定に立ち入らなかった」として、NHKが第三者委員会を設置するとともに、検証番組を放送し、真相の究明に取り組むよう求める申し入れをした。

08年10月9日には、有識者ら約80人がNHKと民放が作る第三者機関「放送倫理・番組向上機構」（BPO）の放送倫理検証委員会に「民事訴訟としての裁判は終わったが、放送倫理上の問題が未解決のまま大きく残されている」として、「政治的圧力によるものではない」というNHKの主張が真実かどうか調査、検証を要請した。

こうした動きを受ける形で、NHKと民放が作る第三者機関「放送倫理・番組向上機構」（BPO）の放送倫理検証委員会は**09年1月9日、「改変された過程がNHKの自立性に疑問を持たせる意味で放送倫理上の問題があった」として、番組改変問題を審議することを明らかに**

した。そして09年4月28日、放送倫理検証委員会の意見を公表した。「意見」では、放送前のNHK幹部と政治家の接触について、「国会担当局長やその部門の職員らが予算説明のために単独で政治家に面会するのはともかく、その際にその政治家が強い関心を抱いているテーマの番組を制作中の放送・制作部門の責任者を同伴していくとはどういうことなのか」と指摘。「政治と放送との距離に細心の注意を払い、NHKの自主・自律を率先して体現すべき立場の放送総局長や番組制作局長が、当該番組の改編・放送と相前後して、何の躊躇を見せた様子もなく、相次いで政治家に面会に出かけている様子、そのたびに番組について言及し、政治家の持説や意見を聞いていること自体に、委員会は強い違和感を抱く」と厳しく批判した。

この意見に対し、NHKは「放送した番組は提案の趣旨を実現したもので、政治的圧力で改変されたり、国会議員の意図を忖度したという事実はありません」と述べつつ、「放送・制作部門の担当者が、放送前に個別の番組内容を国会議員等に直接説明することは、NHKの自主自律について無用の誤解を与える可能性が否定できず、こうしたことがないよう、より一層留意していきたいと考えています。なお、現在は行っていません」と、訴訟当時からの変化を見せた。

永田氏や長井氏がそろって公の場で番組改変について話す機会も実現した。09年9月26日、東京都練馬区であった市民団体「放送を語る会」が20周年を記念する集いとして催した「NHK番組改変事件~何が残された問題か~」には約200人が参加した。

永田氏は「ドキュメンタリー制作の先生で深い関係にあった吉岡部長と戦い切れず、決裂すべきだったが弱さもあり出来なかった。長井君に『ひゅーと奈落の底に落ちていく感じだよな』と話したことを覚えている。ここまでやるか、というのが率直なところだった。ここまで切らせました、とＮＨＫ幹部が自民党に知らしめる行為だった、と思っている」と改変の内実を語り、ＮＨＫに検証番組の制作と放送を求めていることを明らかにした。

長井氏は「内部告発したのは、（番組で）取材を受けた人に対する私の責任の取り方だった。不利益は予期していた。長井を辞めさせようという理事もいたが、せめぎ合いの結果、ほとぼりが冷めたところで現場から外すということになった。他の職員に対する萎縮効果はあったと思う。局長や理事に『検証してほしい』と言っても、『真実を明らかにすれば政府・与党と対立することになる。どうやって予算を通すんだ』という返事だ」と、自身の異動などについて述べた。

ＮＨＫに距離を置く有識者も含め17人が委員となったＮＨＫ会長の諮問機関「デジタル時代のＮＨＫ懇談会」（座長・辻井重男情報セキュリティ大学院大学学長）は06年6月、踏み込んだ内容の提言をした。1年余りの検討の末にまとめた「公共放送ＮＨＫに何を望むか――再生と次代への展望」と題した報告書は、「ＮＨＫはいま、危機のさなかにある。一昨年以来相次いで発覚した金銭的不祥事と、政治との距離に対する疑念をきっかけに、視聴者からの批判と不信が噴出した。それは受信料の支払い拒否や保留の急増へとつながり、NHKの財政基盤を揺るがすと同時に、旧経営陣を退陣へと追い込む深刻な事態となった」と書き始められている。

NHKのあり方として、「とりわけ特定組織や企業スポンサーに依存せず、視聴者が負担する受信料によって運営される公共放送は、健全で、多様・多彩で活力のある民主主義社会を維持・発展させるために不可欠であり、NHKがそうした公共放送として再生することが何より大切である。外部からの不当な干渉を排し（自主）、みずからを律すること（自律）は、NHKの生命線であり、政治的中立性や金銭的不明朗さを疑われる行為が起きないよう、組織・制度や職能を明確にするとともに、常に点検を怠らない努力が必要である」と指摘した。民放との二元体制の堅持、NHKの民営化や有料放送化への反対も明確に打ち出し、従来の受信料制度に基づく運営を前提に、政治との距離を取りながら視聴者からの信頼の回復を勝ち取れというのが、打ち出されたメッセージだった。

「おわりに」では、政治との距離についての掘り下げた見解が示された。「NHKの仕組みや事業内容、予算の成立の要件等については、放送法をはじめとする諸法令に定められている。経営委員会の委員が衆参両議院の同意に基づいて、内閣総理大臣によって任命されること、各年度の予算についても、国会承認を必要とすること等は、その端的な例である。NHKの公共性は、内閣や国会が関与するこうした仕組みによって担保される、というわけである。だが、ほんとうにそうなのだろうか。むしろこの制度こそが、NHKが、政府や政党や政治家の意向や動向に必要以上に気を配り、肝心の視聴者を軽視する傾向を生みだしてはいないだろうか、と私たちは危惧している」

そして、「NHKが視聴者に対してではなく、政府や政治家の意向や動向に過敏に配慮せざるを得ない放送制度と、それを根拠づける放送法が生じさせたのではないか、少なくともその遠因を形成してはいないだろうか」として、放送法の基本構造にさかのぼって見直す時期にきていると主張した。ただ、国会に代わる審議、承認機関をどうするのか、といった代案は提示していない。

ときに議論を巻き起こす報道・教養番組だが、NHKと民放の力量の違いが縮まらない分野の代表格はドキュメンタリーだろう。「NHKスペシャル」はどの担当の職員でも提案でき、企画の中身で採用が決まる。過去の蓄積に加え、予算とスタッフの充実ぶりは民放の比ではない。歴史ドキュメンタリーなどでよく登場する米国の公文書館については、担当する在米のリサーチャーと契約を結んでいる。勘所をつかむリサーチャーがいるNHKの組織力と、プロデューサーやディレクターの個人的な突破力に頼りがちな民放とでは、総合力の差ははっきりしている。また、それぞれの専門の第一人者らを招いての継続的な勉強会も、NHKのドキュメンタリー制作者たちの間では盛んだ。こうした積み重ねで人脈が広がり、知識とノウハウが蓄えられ、作品に反映されていく。

スポーツ中継でも彼我の差は大きいと、個人的に感じている。データに基づき冷静な実況のNHKのアナウンサーに対し、民放のアナウンサーはとかく絶叫調になりがちだ。元NHKアナウンス室長によると、NHKではアナウンサーを育てるのに15年はかかる、と考えているという。このため、アナウンス室で情報を共有し、後輩に技術をたたき込む。これに対し、民放のアナウンサーの場合、「短期的な成果が求められていて、1人ひとりがもつノウハウは個人のものという考え」と感じるという。個性を前面に出す民放と、組織力を重視するというNHKという違いがある。ある民放キー局の役員から「指示待ち型のマニュアル世代のアナウンサーが目立っている、先輩から技術を盗もうとしなくなったため、技量が個人にとどまり、継承されなくなっているのでは」と聞いたことがある。長期的にみた場合、アナウンス技術の平均値はNHKの方が高くなっていく、ということなのだろうか。

米国のクラウス教授は「解釈を加えない中立的ニュースが与党に貢献」

米カリフォルニア大サンディエゴ校のエリス・クラウス教授は06年、NHKニュースの分析を通して政治とメディアの関係を検証する『NHK vs日本政治』（東洋経済新報社、2006年）を刊行した。2年後の08年、サンディエゴの研究室でクラウス教授にインタビューした。

公共放送と政治の関係を深く研究したクラウス教授の目から見ても、慰安婦問題を扱った教育テレビについて事前に政治家に説明したことは「異例」だった。「政治家の介入があったかどうかはわからない」と述べたうえで、「ＮＨＫ幹部が自民党の有力政治家と番組について事前に話し合ったことが根本的な問題であり、独立したジャーナリズムとはいえない」と批判する。

クラウス教授は75年、研究のため京都に９カ月間滞在したとき、ＮＨＫの「夜７時のニュース」を見ているうちに、やたら電車や国鉄のニュースが多いと感じ、「つまらない」と思っていた。半分はリアルなニュースだが、残り半分はヒューマンインタレストだった。なぜ、このような構成のニュース番組の形式になったのか。社会学者が手がけたアメリカのニュース番組の過程の分析を念頭に、ＮＨＫニュースの内容を分析することにした。

そして、80年代半ばと90年代後半の「夜７時のニュース」について構成や内容を調べた。その結果、中央省庁が重視され、「政治家や官僚を傷つけないような中立的で誰もが信頼できるニュース」が特徴といえた。同じ公共放送の英ＢＢＣのニュースとも比較した。双方の構造と機能はよく似ているものの、**ＢＢＣニュースには「解釈」があり、記者が「視点をもって解説する」のに対し、ＮＨＫは「事実報道に徹し解釈を加えない」と指摘する。**

その一方、アメリカのニュースと比較すると、ヘッドラインの見出しだけで分析に欠けるアメリカに対し、ＮＨＫニュースは中身があるもののプレゼンテーションで魅力がなく、文楽のような印象を受けた。ただ、ＮＨＫのドキュメンタリー、とくに歴史ものについてはアメリカの３大ネットワークより優れていると評価した。95年、滋賀県彦根市に４カ月間滞在したときに視聴していたテレビ朝日「ニュースステーション」の久米宏キャスターについてはエンターテインメント性と魅力を感じ、チャンネルをよく合わせた。「ニュースステーション」はアメリカの3大ネットワークのニュースとNHKニュースの中間に位置する、と受け止めていた。TBS系「ニュース23」の筑紫《ちくし》哲也《てつや》キャスターについては「解釈が少し強く、コメントというより反対意見が入っていると感じることがあった」と評した。

日本人の知人に紹介してもらったNHK理事を通じ、報道局幹部らにインタビューした。「国会対策をする総合企画室が政治家の抗議に対応する」「自民党に関するニュースについても、自民党より野党からの圧力や抗議のほうが多い」。そんな声を著書で匿名にして紹介した。

BBCの場合、大臣が放送中止を要求することができる。「政治の介入過程が視聴者にわかるBBCに比べ、NHKに対する政治的圧力は国民にわからない形でひそかにかけられる」。財源や制度面では、世界の公共放送でNHKが国家から最も自立しているが、実際には政治からの影響を受けていた、と指摘する。

長く日本政治を研究してきた。**60年代から80年代までテレビニュースを事実上支配してきたNHKを通した情報によって、日本は政治対立を克服し民主主義国家の安定性を手に入れることができた、というのがクラウス教授の見方だ。「解釈や批判がない中立的なニュースは、結果的に与党に貢献してきた」**。

クラウス教授は、日本の政治の動きを追うため、毎朝自宅のケーブルテレビに配信される

「夜7時のニュース」を録画で見るのが習慣だ。「NHKが与党の影響力から自由になる可能性があるとしたら、政権交代のときだろう」と話していた。

彼がNHKニュースの変化の引き金になる可能性を指摘した政権交代が09年に起きた。米国でNHKのニュースを見続けていたクラウス教授はどう評価したのか。明治学院大であった教育プログラムのために日本に長期滞在していたクラウス教授と、13年6月、久しぶりに東京で会った。インタビューから5年たつ間に、民主党への政権交代、自民党の政権復帰と政界は目まぐるしく変わった。「NHKニュースは変わったか」と聞くと、「大きな変化はない。変化があるとしても微妙で表面的なものにすぎない。セットが現代的になったり、ニュース番組の中での映像やインタビューが多くなってはいる。今もBBCのようにはなっていない。依然としてニュースに解釈を入れていない」。

政治とメディアの関係について改めて問うと、「政治家がニュースや番組に圧力をかけるのは、どの国でもよくあること」と語った。ただ、「NHKのように幹部が政治家に事前に番組の話をするようなことは、他の国ではない。仮にBBCで番組に問題があれば、経営者が介入するかもしれない。しかし、政治家に話をするということはない。番組や記事の内容は、ジャーナリズムの責任だからだ。政治家の介入があったかどうかはわからないが、NHKと政治家が放送される番組について話し合ったこと自体が根本的な問題だ」と言い切った。

最後に、クラウス教授は公共放送のジレンマについて語った。視聴者を多くしないといけない半面、そのために民放と同じような下品な番組にすると「受信料をなぜ払わないといけないのか」と苦情がくる。同時に、少数のエリート向けの番組を増やせば視聴率が下がり、「受信料をなぜ払わないといけないのか」という同様の文句が寄せられる。いずれの方向に振れても、批判が必ず起きるというジレンマをＮＨＫは抱えている、という指摘だった。

疑問が噴出した金丸自民党副総裁の辞任報道

ＮＨＫの政府・自民党に対する報道の淡白さを内部から証言する声がある。

92年８月27日、自民党の実力者である金丸信自民党副総裁が、東京佐川急便の元社長、渡辺広康被告から５億円の献金を受け取ったことを認め、急きょ辞任会見を開いた。自民党のキングメーカーといわれ政界への影響が大きい辞任だったが、この日の「19時のニュース」では、事実関係を報じただけだった。夜９時からの「ＮＨＫニュース21」では13分間の放送にとどまった。金丸氏は郵政省や放送界への影響力を誇る政治家ともいわれてきただけに、報道での切り込みがいまひとつではなかったか、という受け止められ方が少なくなかった。

これに対し、当時のＮＨＫ政治部長は「急きょ行われることになった金丸氏の辞任会見をすることをＮＨＫがいち早くつかんだのは特ダネだった。民放の一部では、駆けつけたときには会見が終わっていた。会見をしたこと自体がニュースであり衝撃的だった。記者の方も不意打ちを食らった。どういう質問をしたかとか、追及したかどうかは二の次のことだ」と言っていた。

91年に会長を辞任した島桂次氏が95年に出版した『シマゲジ風雲録』（文藝春秋）で、報道面の自主規制について記している。

「組合の力が強くて社会党にいわれれば社会党寄りの報道をするし、逆に自民党が強くなれば、自民党寄りになる。何度もいうが、要するにNHKという組織には、何のポリシーもプリンシプルもないのである」

「放送法に基づく公共放送であるNHKが当然行使しなければならない権利や義務を果たしていくと、必ずどこかで権力機構と衝突する。それは当然のことだ。報道機関のもっとも重要な責務が政府や権力機構のチェックだからだ。ところが、激突すれば予算承認や人事で必ず報復を受ける。そうなると、衝突を避けるために、タテマエは別として、水面下でイージーに頭を下げて、向こうのいうことを満足させる方が利口だということになってくる」

「そういう経営の弱腰姿勢を現場も見ているから、現場もここでこういうことをやりたいんだが、やれば問題になって自分たちも被害を受けるかもしれない、だからやめておこうということになる。仮に、権力機構や政治家が言葉に出さなくても、自己規制がどんどん強くなってしまう。NHKにはこういう側面が絶えず付きまとっている」

金丸氏の報道についても、92年10月末に、NHKの中央番組審議会の委員をしている方々から、相次ぎ電話がかかってきた、と記している。同月に開かれた審議会で、一連の「佐川急便」報道に対する不満が噴出。執行部の答弁が要領を得なかったため、会が紛糾したという。「とにかくＮＨＫの『佐川』報道は甘い」「表面的な報道に終始し、何が核心なのか分からない」と批判が相次いだことを伝えている。

英国首相に手紙で反論したＢＢＣ会長

一方、英国の公共放送ＢＢＣの会長を00年から04年1月に辞任するまで務めたグレッグ・ダイクは著書『真相――イラク報道とＢＢＣ』（日本放送出版協会、２００６年）で、報道に対する政権からの関与を明らかにしている。『真相』は、03年3月のイラク戦争開戦の焦点となった大量破壊兵器の有無をめぐる報道についてのＢＢＣ内部の動き、政治的圧力が最大の読みどころとなっている。米国と英国はイラクに先制攻撃をし、首都バグダッドを3週間で陥落し、5月1日にはブッシュ米大統領が勝利宣言をしたが、大量破壊兵器は見つからなかった。そうしたなか、ＢＢＣ記者は5月末、英政府が02年9月に発表していた「イラクは大量破壊兵器をいつでも使用できる態勢にあり差し迫った脅威である」という文書には、脅威を不当に誇張させる情報操作があった、とラジオで報じた。英政府は真っ向から報道を否定し、ＢＢＣと激しく対立した。

ダイクは著書でイラク戦争が始まった週に、首相のブレアから親書が届いたことを記している。「ブレア首相は、民主主義のもとでは、メディアが〝反対者の声〟をとり上げて紹介するのは正しいことだと認めているが、ＢＢＣは極端に走りすぎており、ＢＢＣのインタビュアーやリポーターたちが番組で行った編集のやり方のいくつかには、ショックを受けたと書いてあった」。さらに、「トニー・ブレアはこれに続けて、ＢＢＣのリポートは、イラクの〝普通の人々〟が不満を口にしている様子をたくさん紹介しているが、前の政権を批判した人間は、その全員が処刑か拷問を覚悟しなければならなかったことを考えると、イラクには〝普通の人々〟などは存在していないのだと主張した」と紹介した。

　これに対し、ダイクはブレアに手紙を出した。「**特定のニュース報道について、閣下と閣下の補佐官たちが不満を述べるのは、完全に認められた権利であります。ジャーナリズムは完璧を欠く職業でありますから、避けられない結果として間違いを犯せば、われわれはいつでもそのことを認め、謝罪します。しかしながら、自分の考えに沿わない特定の報道があるという理由で、閣下がＢＢＣのラジオやテレビジョンの放送内容、さらにはオンライン・サービスを含むＢＢＣのサービスの全体に対して懸念を表明すると言うのであればそれは、公正なことであるとは言えないのであります**」

　日本の公共放送の歴史で、ときの首相が報道内容を批判する手紙を出し、ＮＨＫ会長が反論の返信をしたというようなことは聞いたことがない。ダイクは著書で「私の見解は率直だった。政府がＢＢＣに圧力をかけてこようとすれば、ＢＢＣは抵抗してそれにたたかうというものだ。……民主主義社会では、メディアと政府とは決定的に違う役割を担っており、放送メディアが中心に持つ役割の1つが、時の政府に対して疑問を投げかけ、彼らがかけてくるいかなる圧力に対しても抵抗して立ち上がるというものである。BBCにとっては、放送免許（特許状）の更新の時期が迫っていたが、そのときの私にとって、それはまったく関係がないことだった」と言い切っている。

1956年のスエズ動乱で首相のアンソニー・イーデンと渡り合ったBBCのニュース担当理事ウィンダム・ゴルディーの言葉も紹介されている。「自由の価値が侵されないように常に監視していなければならない最大の場所が、放送である。政治的な圧力に対しては休むことなく継続的に抵抗していかなければならない。しかし、そうした政治的な圧力を避けがたいということは理解しておくべきである。それは政治政党の目的と放送機関の目的とが同じものではないからである」。政府と距離を置くことが当然という考えを持ち、それを実践した積み重ねが日々の報道につながることを示している。政府の圧力はどこの国でもあり得る。これにどう抵抗するかどうかに差異があるということだ。

大量破壊兵器についてのBBC報道は「主張な点で根拠がない」とする報告書を独立司法調査委員会が公表した翌日、会長を辞任したダイクは、『真相』で公共放送の難しさをこうも告白している。「すべてのBBCの会長が直面しなければならないジレンマだった。番組の視聴率の数字がいいときには、大衆に迎合した、くだらない番組ばかりを放送していて、少数の視聴者を対象にした番組をきちんと放送していないと攻撃される。逆に番組の視聴率の数字が悪いときには、視聴者大衆の求めに応えていないと批判される」

相次いだ不祥事で広がった空前の受信料支払い拒否

紅白歌合戦を担当したことがある番組制作局のチーフプロデューサーによる制作費着服が『週刊文春』の報道で明るみに出たのは04年7月だった。逮捕されたプロデューサーは計６２３０万円の詐欺罪で起訴され、懲役５年の判決が06年４月に確定した。その後もカラ出張をはじめとする金銭スキャンダルが相次いで発覚し、視聴者の怒りを買った。

主な不祥事とその発覚時期をあげてみる。

編成局のチーフプロデューサーと主管がカラ出張で約３００万円を不正受給（04年７月）▽岡山放送局の元放送部長が架空の飲食費請求で約90万円を着服し懲戒免職（04年８月）▽ソウル支局長が経費４４００万円を水増し請求し停職６カ月（04年８月）▽制作技術センター職員が作曲費を架空発注し１２４０万円を着服し懲戒免職（04年10月）▽甲府放送局の元ディレクターが局の備品をネットオークションで売却し盗みの疑いで逮捕（04年10月）▽シンガポール特派員２人が契約カメラマンの報酬など約８００万円以上を水増し請求し停職処分（05年２月）▽番組制作局映像デザイン部職員が制作費約４７０万円を架空請求して着服し懲戒免職（05年５月）▽福井放送局カメラマンが約３５０万円を着服し懲戒免職（05年７月）▽大津放送局記者が放火未遂で逮捕、連続放火により有罪判決（05年11月、懲役７年が07年９月に確定）▽スポーツ報道センターのチーフプロデューサーがカラ出張で１７６０万円を着服し懲戒免職（06年4月）▽富山放送局長の万引きが発覚し停職３カ月（06年10月）▽制作局ディレクターが大麻取締法違反の現行犯で逮捕（06年12月）▽ライツ・アーカイブスセンター職員が痴漢行為をして東京都迷惑防止条例違反の現行犯で逮捕（06年12月）▽アナウンサーが強制わいせつの現行犯で逮捕（07年5月）▽制作局ディレクターが強制わいせつの現行犯で逮捕（07年6月）。

06年5月にあった定例記者会見で、率直な物言いで知られた菅谷定彦・テレビ東京社長はＮＨＫの不祥事について、「民間放送局では信じられないことが起きている。体質を決定的に変えていくしかない。官庁と同じ予算主義で、あるものは使っているのではないか。官僚的体質もあるのではないか」と批判した。

原田豊彦理事放送総局長は06年12月の定例記者会見で、「職員が相次いで逮捕され、慙愧の念に堪えない。奈辺に問題があるかを受け止めないといけない。社会人としての基本が問われる部分だったのではないか、と思っている」とコメントせざるを得なかった。

不祥事による受信料の不払い・保留は、04年8・9月が3万１０００件、04年10・11月が8万２０００件と急増。04年12月19日には海老沢勝二会長が自ら出演する特別番組「ＮＨＫに言いたい」を放送し釈明したが、火消しではできなかった。05年1月には海老沢会長が辞任し、後任会長にＮＨＫ技術畑の橋本元一専務理事が就任した。しかし、支払い拒否・保留は04年12

月・15年1月が28万4000件、05年2・3月が35万件と右肩上がりの勢いは止まらなかった。1月には「ETV特集」の番組改変に政治家が関与したのではないか、と朝日新聞が報じた。新年度に入ってからも05年4・5月が22万3000件、6・7月が20万1000件、8・9月が9万5000件、10・11月が1万4000件を記録し、累計で128万件に達した。

NHKと受信契約を結んでいる世帯のうち、面接困難や滞納といった「未収」を除いた受信料を実際に納めている世帯の比率を示す「支払い率」が03年には77%あった。ところが、一連の不祥事が発覚した04年度は72%と急落、翌年の05年度は69%と大台を割り込んだ。その後、06年度71%。07年度71%、08年度72%、09年度72%と反転。さらに、10年度74%、11年度72%、12年度73%、13年度74%と横ばい傾向が続いたあと、14年度76%、15年度77%、16年度79%と上向きになった。

当時のあるNHK理事は、「受信料の不払いが最も多かったのは05年2月だった。NHKがつぶれるのでは、と本気で思った」と、1年以上たったときのことを迫真に満ちた表情で振り返った。

別のNHK幹部は「契約を解約する手続きをする視聴者が詰めかけて、『みずほ銀行の窓口で受信料の預金口座振替解約届の用紙がなくなった』と聞いたときは、NHKは崩壊するかと思った。とくに3月がものすごかった」と語った。橋本会長も最後の定例記者会見となった08年1月10日、「はじめは口座解約が連日1万件あった。任期半ばから次第に激励に変わって

海老沢勝二（中央）NHK 会長　報道陣の質問に答える　午後に経営委員会＝2005年１月、東京都中野区（提供：スポーツニッポン新聞社／毎日新聞社）

いった」と、解約の具体的な数を明らかにした。

受信料不払いの激増によって海老沢会長は04年12月19日、ジャーナリストの鳥越俊太郎氏らが参加する特別番組に自ら出演し釈明に追われた。しかし、批判は収まらなかった。年が明けた05年1月12日、朝日新聞が番組改変問題で放送前日に中川昭一経産相（「日本の前途と歴史教育を考える若手議員の会」代表）と安倍晋三自民党幹事長代理（官房副長官）が「偏った内容だ」とＮＨＫ幹部を呼び指摘していた、と報じた。１月７日に辞任を示唆した海老沢会長は、１月25日に正式に辞任。翌26日に海老沢氏がＮＨＫ顧問に就任したことが明らかになると、批判が殺到し、28日に顧問の辞任に追い込まれた。視聴者は「受信様々な問題で渦中にあった。ＮＨＫは「受信料の支払い拒否」という行動に移るという異例の事態になっていた。そのピークが2月にあったわけだ。

1月13日、長井暁NHKチーフプロデューサーは番組改変の指示について「政治家の圧力を背景にしたものだったことは間違いない」と記者会見して内部告発した。NHKの関根昭義放送総局長は同日、「中川氏と放送の前に面会したことはない」と朝日新聞の記事を否定。18日には松尾武元放送総局長が朝日新聞の記事にあるNHK幹部は自分と公表したうえで、「政治的圧力を感じていない、と答えた」と記者会見で述べた。関根放送総局長は19日、「国会議員にきちんと理解してもらうため、番組内容を政治家に事前説明することは当然」と述べた。さらに、NHKは午後7時のニュースで「朝日新聞虚偽報道」のテロップで放送。21日には、朝日新聞が記者会見し、法的措置を前提にNHKに訂正と謝罪を求めた。

最初の記事から半年たった7月25日朝刊で、朝日新聞が番組改変の経緯や取材・報道への指摘について説明した総括報告記事を掲載した。10月1日朝刊では、朝日新聞社が委嘱した第三者機関「『NHK報道』委員会」の「真実と信じた相当の理由はあったが、一部については確認取材が不十分だった」とする見解を公表、秋山《あきやま》耿《こう》太《た》郎《ろう》社長の「詰めの甘さ反省します」というコメントを掲載した。

不払い世帯が30％あることを初めて認める

視聴者からの信頼喪失、収入減による経営の危機という公共放送にとって未曽有のピンチに見舞われたＮＨＫの橋本元一会長はこのとき、思い切った手を打つ。

05年9月20日、信頼回復と財政再建の取り組みを示す「ＮＨＫ新生プラン」を発表した際、これまで受信料の「世帯契約率81・３％」（03年度）としてきた営業面の公式回答を大きく修正し、05年9月末で「受信料の支払い拒否・保留件数」が１３０万件になる見込みを発表したほか、受信契約をしていない「未契約」が９５８万件（9月末）、1年以上の滞納が１３９万件（3月末）と公表した。この結果、**支払い義務がある約４６００万件のうち30％が支払っていない実態を初めて明らかにし、「支払い率70％」という数字を認めたのだった。どん底に落ちたとき、負の実情をあらいざらい明らかにするという捨て身ともいえる判断だった。81・3％あった世帯契約率が、1年半で支払い率が70％になるという前例のない激減の実態を明らかにしたのだった。**

少しさかのぼるが、89年11月30日にあった参院逓信委員会で、受信料の滞納状況の具体的な数字が示されている。山田健一議員（社会）が「（昭和）63年度の数字でありますが、受信契約者が３１５０万件のうち受信料の滞納者が98・1万件、約１００万世帯、契約拒否者が15・3万件、それから一時的未契約者３３８万件」と数字をあげ、受信料の確保策を問うた。これに対し、ＮＨＫの高橋雄亮《たかはしゆうすけ》理事は「先生御指摘のとおり、滞納が90万台というのは事実」「過去数年間の傾向を見ましても、ほっておきますと大体滞納が30万件ぐらいずつ増えてきておるわけです」「年間では新しい契約を大体42万件から43万件ぐらいこの数年間増やしてきておるという実情でございます」と答弁したことがある。

新生プランを発表した際に、「受信契約者の状況」という表題の円グラフのデータが書かれたＡ４判の資料が含まれていた。「受信契約者」３６３８万件の内訳について、「お支払いいただいている方々」３２３９万件（89％）のほかに、「不祥事に伴う支払い拒否・保留」１３０万件、「口座振替利用中止に伴い訪問集金になり、面接困難などによる未納状態」１３０万件、「経済的な理由や制度批判、長期不在などによる滞納」１３９万件と細かく示した。「不祥事に伴う支払い拒否・保留」は04年10月から件数を発表してきたが、「未納」と「滞納」について公表するのは初めてだった。

しかし、同時に打ち出された「支払い拒否者に簡易裁判所を通じ督促状を送る民事手続き」という初めての法的措置に関心が集まったせいで、「本当の支払い率公表」という〝告白〟はいまひとつ注目されなかった。毎日新聞が翌９月21日朝刊で、「ＮＨＫ受信料　３割世帯不払い」と１面トップで取り上げたのが例外的といえた。

ただ、元会長の島桂次氏は著書『シマゲジ風雲録』で、受信料の収納実態について次のように触れたことがあった。

「ＮＨＫがいまいったい何軒から受信料を集めているか。その実数を把握しているのは、局内でもごく限られた人間だけなのだ。ＮＨＫは『受信料収納率』という数字を発表しているが、これなどは粉飾とはいわないまでもかなりいい加減な数字である。たとえばここ数年は、だいたい九〇％を上回る収納率になっている。テレビを持つ世帯の九〇％から受信料を取っているように思われるかもしれないが、これだけ見ると、テレビを持つ世帯の九〇％というのはテレビを持つ世帯の九〇％ではなく、受信料を払うと契約している世帯の九〇％なのだ。問題はテレビを持つ世帯の何％が実際に受信料を払っているかである。せいぜい七〇％台だろうか。正確な数字は私にもわからないのだ」

効果をあげた支払い拒否者への法的措置

一方で、法的措置の効果は受信料収入に結びついた。06年11月に受信料を滞納している東京都内の33世帯について、東京簡易裁判所に支払い督促の申し立てをしたあと、06年10月、11月の支払い再開件数は８万８０００件と、同年８、９月の３万８０００件を大きく上回った。

のちに、**営業担当の福井敬理事は「インターネットを通した契約申し込みは年間約10万件。支払い拒否者に対する民事手続きの報道があった日は、通常の5～6倍の申し込みがある」と話した。**視聴者が法的措置を〝圧力〟と感じていることをＮＨＫ側が打ち明けたものだ。ＮＨＫが民事手続きに踏み切り、その措置が報じられるほど、ＮＨＫの営業収入につながるという構図ができあがっているのだ。

番組面では、ＮＨＫでタブー視されてきたテーマが次々と放送された。ＮＨＫスペシャルで「靖国神社～占領下の知られざる攻防～」（05年放送）、「日中戦争～なぜ戦争は拡大したのか～」（06年放送）、「Ａ級戦犯は何を語ったのか～東京裁判・尋問調書より～」（07年放送）など、政治的な取り扱いに細心の注意が求められてきた問題に果敢に切り込んだ。

ドラマでも外資ファンドによる企業乗っ取りを扱った「ハゲタカ」（07年放送）が注目を集めた。ネット企業「ライブドア」によるフジテレビ買収の動きが大きなニュースとなってから2年後の放送は、批判を浴びかねないテーマは避けがちだったかつてのＮＨＫならあり得ない編成だった。

守るべきものを大事にする方針から一転、攻めに出て新たな信頼とファンを獲得しないと活路を見いだせないと決意したＮＨＫは、捨て身ともいえる姿勢になったのだった。

受信料不払いの運動と「新放送ガイドライン」への評価

ＮＨＫに対する不信感から、受信料不払いの運動を始めた人たちの中には、執行部の姿勢によって対応を変えた例がある。醍醐《だいご》聰《さとし》・東京大教授だ。醍醐氏は番組改変問題での自民党国会議員に対するＮＨＫの事前説明が明らかになった1カ月後の05年2月8日、「ＮＨＫ受信料支払い停止運動の会」の呼びかけ人になって会を発足させた。政治に弱いＮＨＫの体質を改めさせるため、①番組の事前説明はしないことを「ＮＨＫ倫理・行動憲章」に明記する②問題のＥＴＶ番組の改ざんを検証できるよう改ざん前後のテープを再放映する、あるいは当事者らが出演する検証番組を放送するか、第三者機関による改ざんの調査を行い結果を公表すること、を申し入れてきた。これに対し、ＮＨＫは「政治家の圧力で番組内容を変更したことはこれまでなかったし、これからもしない。お伺いを立てるような事前説明はしない」という回答を繰り返してきた。

「ＮＨＫ受信料支払い停止運動の会」では政治的圧力に毅然とした対処ができない体質のまま受信料の取立てに執心するＮＨＫを批判し、06年の春と秋には「受信料督促ホットライン」を設けて、全国からの相談に応じた。

その一方、「会」では06年1月25日に発表されたＮＨＫの新経営計画で「ＮＨＫの予算・事業計画の国会承認を得るにあたっても、会長以下全役職員は、放送の自主自律の堅持が、信頼される公共放送の生命線であるとの認識に基づき業務にあたります」という規律を新たに明記し、06年3月31日に公表されたＮＨＫの新放送ガイドラインにも同様の規律が書き込まれたことを、市民団体がＮＨＫに政治からの独立を求めてきた運動の成果と評価した。そしてこれまで以上に前進した見解や措置を得ることが困難な状況のなか、支払い停止運動が出口の見えない長期化の様相を呈する可能性が濃厚として、新放送ガイドラインに一致した行動を促し、ＮＨＫ内部で良質な番組の制作に努力している職員を激励することが賢明という判断に傾いた。

予算について国会の承認を毎年必要とするＮＨＫは、「政治との距離」がずっと問われてきたが、政府・与党の意向や国会議員の要望に対し、敏感に反応することが少なくなかった。こうした体質を改めるため、放送ガイドラインで文章にすることによって、政治と距離を取るための線引きをはっきりさせようという意思を明確にしたことに意味があった。

番組や職員に対する自民党からの攻撃

さらに、国会審議の発言から情勢の変化にも気づいた。06年3月30日の参院総務委員会で、山本順三議員（自民）は、番組改変問題で証人として出廷したＮＨＫの永田浩三チーフプロデューサーを名指しし、「ＮＨＫの公式見解があるにもかかわらず、会社に、正に会社の名誉にかかわると思うんですけれども、口裏合わせをということをこれまた伝聞に基づいて、伝聞に基づいて裁判の席上で証言すると、これは大変にゆゆしき問題であります」と指摘し、橋本会長に「どのようなけじめを付けるおつもりなのか」と質した。

06年6月15日の参院総務委員会では、柏村武昭議員（自民）が05年3月に「クローズアップ現代　国旗国歌で教師処分へ卒業式」が放送した東京都の学校における国旗・国歌の取り扱いについて都教委から抗議を受けたことや、トリノ五輪の女子フィギュア金メダルを取った際の日章旗を掲げての喜びの扱い方を取り上げた。そして、「国旗・国歌はもう法律にまでなっているわけですからね」「それを助長するような責務があるんじゃないでしょうかね、ＮＨＫ

は」と言及、国旗・国歌の放送を強要するかのような発言をした。

山本議員の質問には4月13日、市民団体「放送を語る会」などが「職員の人事で不利益な処分を一切しないこと」などを求め、NHKに公開質問書を出した。柏村議員に対しても市民団体は「表現の自由や放送法を犯すような発言」として、参院総務委員長に申し入れをした。

しかし、自民党からの「攻勢」は続いた。06年10月には、菅義偉総務相がNHKの短波ラジオ国際放送で、拉致問題を重点的に扱う命令放送をする方針を打ち出し、諮問を受けた電波監理審議会によって翌11月に認められた。

「NHK受信料支払い停止運動の会」はNHK対視聴者という二極構造から、視聴者対NHK対政治・行政という三極構造に変化したとして、NHKを政府広報機関化しようとする政権のメディア戦略への対峙が求められている、という優先順位の変更を打ち出した。そして、受信料不払い・保留の増加を逆手にとって、義務化へと放送法を改悪する行政主導の動きに目配りしながら、受信料を支払っている視聴者と連携して、より広い視点からの運動を展開していく必要がある、という結論に達した。

その結果、07年1月29日の番組改変訴訟の二審判決を区切りに、受信料支払い停止を解除して支払い再開に踏み切ることを1月28日に明らかにした。「会」自体も発足から2周年にあたる2月8日に解散することにした。

NHK管理職をはじめとする支払い拒否者の自宅訪問など地道な信頼回復の活動が徐々に成

果を出し、支払い率は向上していった。

報道への信頼を失墜させた株式のインサイダー取引

しかし、海老沢会長時代から続いた不祥事は後を絶たなかった。

ニュース報道への信頼を根幹から揺さぶったのが、08年1月に発覚した報道局ニュースセンター制作記者、水戸放送局ディレクター、岐阜放送局記者の3人による株式のインサイダー取引だった。朝日新聞が1月17日の夕刊1面で「NHK関係者、株不適切取引の疑い」と特報した。「NHK職員がインサイダー取引をしている」という話を聞き込んだ社会部員の情報をもとに、取材を進めていた。私は17日の午前中、NHK幹部から「昨年3月のかっぱ寿司の案件。インサイダー取引に関わった職員は複数いた。出稿前の原稿はアクセスできないが、出稿後は東京の記者、ディレクター、地方の記者は原稿を見られる仕組みになっている。証券取引等監視委員会が先週、調査に入った」という話を聞いた。取材結果を重ね合わせ、夕刊の記事となった。

その後の調べで、07年3月、外食大手「ゼンショー」と回転ずしチェーン「カッパ・クリエイト」が資本提携するというスクープを放送直前に、原稿作成端末で見て、関連する企業の株式を売買し、9万8000円～51万4900円の利益を得ていたことがわかった。さらに、08年6月には、長野放送局の記者が地元紙の記事盗用が地元紙の指摘で明らかになった。08年12

月には、京都放送局カメラマンが出張宿泊費約60万円を不正受給し懲戒免職になった。

とりわけ深刻さが浮き彫りになったのは、国内で初めて発覚した報道記者によるインサイダー取引だった。1月17日に証券取引等監視委員会（監視委）の調査が入ったことが報じられると、翌18日、橋本元一会長が古森重隆《こもりしげたか》経営委員長に辞表を提出。21日には再発防止策の骨子を公表するとともに、畠山博治理事（コンプライアンス担当）と石村英二郎理事（報道担当）の22日付辞任を発表。24日には橋本会長の辞任が経営委員会に承認されたほか、永井多恵子《ながいたえこ》副会長が辞任した。橋本会長は会長の任期終了日だった。

2月に久保利英明弁護士を委員長とする第三者委員会が設けられ、5月27日に調査報告書が公表された。それによると、ＮＨＫ全職員のほか、報道用端末にアクセスできる関連団体社員、契約スタッフら計1万３２２１人を対象に、05年2月から08年1月の3年間について実施したアンケート調査の結果、75人が「勤務時間中に上場株式の売買をしたことがある」と回答。家族を含めて株保有が「ある」と回答した２７２４人のうち、「プライバシーの侵害にあたる」と協力を拒否した９４３人を除き了解を得られた約１８００人の取引履歴調査で勤務中の売買が判明した職員6人を加え、81人の株取引が明らかになった。このうち、22件はＮＨＫ局内の報道情報システムや職場で入手した情報をもとにした取引だった。株取引回数が２００回を超えた職員も１００人以上いた。ある職員は勤務時間外含めて２０６銘柄について５１３７件（1日7件以上）の取引をしていた。なお、アンケート調査に対し、株保有の有無を回答しなかった職員は１５０人に達した。

監視委はインサイダー取引をした記者ら３人にそれぞれ２万円～26万円、計49万円の課徴金を納付するよう命令。ＮＨＫは４月３日に懲戒免職（10日付）、当時の上司ら９人を減給処分にした。

しかし、不祥事は一掃されなかった。10年10月８日、ＮＨＫは報道局スポーツ部の30代の男性記者が、大相撲の野球賭博問題の家宅捜索に乗り出すとの情報を、日本相撲協会の関係者に７月の捜索当日未明にメールで送っていた、と発表した。メールの送り先は賭博に関与していたとして捜査対象となっていた時津風親方だった。９年夏まで約２年間にわたり大相撲を担当していた記者は「ＮＨＫが取材した情報ではなく、他社から聞いた不確かな情報だから伝えても構わないと思った。関係づくりに生かそうと思った」とＮＨＫに説明したという。福地会長は10月14日の定例記者会見で「コンプライアンス、報道倫理の面からあってはならない事案で、きわめて遺憾。会長に就任してからこれまでの２年半は何であったか、忸怩《じくじ》たる思いだが、そんなことを言っても仕方がない」と、怒りと無念さを露わにした。この記者は11月９日付で停職３カ月の懲戒処分を受け、記者職から外された。

ＮＨＫの抜本改革を求めた「竹中懇談会」

海老沢会長が辞任に追い込まれた受信料不払いから10年余り、ＮＨＫで絶えず浮上する問題は大きくいって3つある。途切れることのない不祥事、報道面で見え隠れする政治との距離、そして受信料のあり方である。

不祥事が多発し不払い世帯が増えて受信料収入が減ったことから、06年6月に竹中平蔵総務相が主催する「通信・放送の在り方に関する懇談会」（座長・松原聡東洋大教授）は「受信料の支払い義務化」などを打ち出した報告書をまとめたことがある。

懇談会の開催に先立ち、竹中総務相は05年12月の記者会見で、「通信と放送の融合を国民に実感してもらえるような段階にしたい」と発言するとともに、「なぜNHKでこんなに不祥事が続いているんだろうか」「インターネットでテレビの生放送が観られないのか」「日本にどうしてタイムワーナーみたいな大企業はないんだ」とも述べていた。懇談会が報告書でNHKについて同時に示された抜本改革案は、①一部委員の常勤化やコンプライアンス組織設置などの経営委員会の強化②現行8チャンネルから、衛星波とFMラジオ、衛星ハイビジョン放送を削減し、5チャンネルにし肥大化を是正③NHK本体と子会社の関係を見直しコスト構造を透明化④番組アーカイブのブロードバンドでの提供⑤国際放送の強化だった。受信料支払いの義務化では、徴収コストの削減とともに受信料の大幅引き下げを前提と主張し、必要があれば罰則化も検討すべきだ、と踏み込んだ。

しかし、06年6月20日に出た「通信・放送の在り方に関する政府与党合意」では、「保有チャンネル（8波）の削減については、難視聴解消の前のチャンネル以外の衛星放送を対象、削減後のチャンネルがこれまで以上に有効活用されるよう、十分詰めた検討を行う」といったように玉虫色の表現に変わった。

竹中氏の後任の菅義偉総務相は、支払いで受信料収入が減ったことから「受信料支払い義務化」を導入するとともに、「受信料2割値下げ」を求めていた。2割値下げについて、橋本会長は「達成できるという根拠をもち得ない」と拒否しながらも、値下げを視野に入れた経営計画を07年9月末までにまとめる方針を明らかにした。07年3月20日、自民党「通信・放送産業高度化小委員会」の片山虎之助委員長は、放送法改正案に支払い義務化を盛り込まない方針を明らかにした。

その後、橋本会長は08年度から月額1345円（カラー、口座振替）の受信料の約7％にあたる月額約100円を値下げすることなどを柱にした5カ年の経営計画案を示したが、経営委員会は07年9月25日、「抜本改革に十分に踏み込んでいない。小手先の値下げより徹底した改革が必要」（古森重隆委員長）と批判して却下、やり直しを求めた。経営計画の否定によって、橋本会長の再任は事実上消えたことを示す事態だった。第1次安倍政権下で経営委員長に就任した古森氏は、NHK経営陣の刷新の意思を明確に示したのだった。

古森委員長は07年9月の経営委員会で「選挙期間中の放送には、歴史ものなど微妙な政治的問題に結びつく可能性もあるため、いつも以上にご注意願いたい」と発言、橋本会長から「心外だと思った」と反発を受けた。古森委員長は08年3月にも、海外向けの国際放送では「利害が対立する問題については日本の国益を主張すべきだ。国際放送をただ強化するだけでなく一歩踏み出せ」と執行部に対し話した。政権の意をくんで代弁するような発言は、これまでの経営委員長にない個性を発揮したものととらえられた。

「まっすぐ、真剣」をキャッチフレーズにしてきた橋本会長は退任が固まったあと、08年1月4日の新年あいさつで本音を垣間見せた。「3年前は倒産の危機にも匹敵する奈落の底を見た思いがした。質の高い番組を送り続けたことは信頼回復に大きく役立った。3年経っても改革の跡がまったく見えないという根拠を明らかにしない一部の批判には、心の底から憤りを感じる。ただ、かすかに曙光《しょこう》が見える状況でバトンを渡せることに誇りを思っている」と、3年間の成果の強調と評価の低さへの不満がないまぜになった心情を吐露した。

民間からの会長起用と迷走した経営委員会

生え抜きの橋本氏に代わる後任候補には、さまざまな名前が飛び交った。南直哉《みなみのぶや》・東京電力顧問や奥島孝康《おくしまたかやす》・元早稲田大総長、北城恪太郎《きたしろかくたろう》・日本ＩＢＭ最高顧問や丹羽宇一郎《にわういちろう》・伊藤忠商事会長らが取りざたされたほか、最後まで候補に残っていたのは総合商社の相談役だった。

最終的には、外部の経済界から会長に選ばれたのがアサヒビール相談役の福地茂雄《ふくちしげお》氏だった。後に福地氏自身が記したところによると、07年秋に、米国視察旅行で知り合い、たまに飲む仲だった経営委員長の古森重隆氏から「飯でも食いませんか」と電話がかかり、東京・六本木の料理屋で「ＮＨＫをやってみるつもりはないですか」と切り出された。やったことはない放送業の仕事をその場で断ったが、面会依頼が続いた。会うたびに拒否したが、4度目の電話で根負けして引き受けることにした（14年6月23日付の日本経済新聞「私の履歴書」）。

畑違いのビール会社からの会長だっただけに、「ジャーナリズムとまったく関係のない人間がなぜ来るのか」という反発が当初は局内に根強かった。しかし、就任したあと放送現場を信頼して番組内容に口出ししなかったことが、作り手のやる気を引き出し、意欲作や秀作が次々に生み出された。任期中には人気番組に成長した「ブラタモリ」や新しい情報番組と定着した「あさイチ」がスタートした。大河ドラマでは斬新な映像が話題を呼んだ「龍馬伝」が放送された。あるＮＨＫ幹部が「リップサービスの天才」と評したように、局内のいろんな職場に顔を出しては職員をほめ、励ました。営業マンらしい腰の軽さと巧みな話術で、とくに若手から人気があった。

私自身、インタビューの質問で取材した副会長人事の経緯をぶつけると、「どこから聞いてきたんや」と苦笑いされた。うまく持ち上げるものだ、と感心した。

橋本会長時代から議論が続いてきた値下げ問題で、福地会長は古森経営委員長と対立する事態となる。受信料収入が減り番組制作への支障を懸念する執行部の意見に福地会長は同調。会長に推薦した古森委員長とははっきりと異なる立場を示した。経営委員会が執行部案を修正し「12年度から受信料収入の10％の還元を実行する」と議決したのは08年10月14日だった。福地会長は記者会見で「執行部と経営委員会でディベートがなかったら、やっぱりお友達じゃないかと言われる。立場が違うから主張するのは経営のルール。本来なら我々の主張を通してほしい」と言い切った。10年7月の定例記者会見では、「10％還元は11年度の計画に盛り込む。一律の値下げではない。すべて減らせばいいものではない。組織には夢がなければいけない。次の3カ年計画の絵を描いていかねばならない」と語っていた。

民間出身の会長になったからといって、政治からの圧力が消えたわけではない。

08年3月31日の参院総務委員会では、安倍首相の補佐官をつとめた世耕弘成参院議員（自民）が、看板番組のNHKスペシャルの内容について取り上げた。「この一年ぐらい気になるのが、どうもNHKスペシャル、看板番組、NHKが世の中に、今これが問題ですよ、世の中こっちの方へ注意をしなければいけないんじゃないかというような注意喚起の番組だと思っていますが、その内容がこの一年ぐらいどうも、格差の問題とかワーキングプアの問題とか貧困の問題、どうもそっちに偏り過ぎているんじゃないか。この問題も私は非常に重要だとは思いますけれども、しかし余りに内容としてそっちに偏り過ぎている。その背景にある厳しいグローバル競争の現状とか、あるいは中国が今世界でどうなっているか、アジア諸国が今世界でどうなっているか、日本のアジアにおける立場がどうなっているか、そういうことをもう少しスポットライトを当てる番組が不足をしているんじゃないか。これは私は感覚で申し上げているんではなくて、現場でも経済部とか国際部の人がいろいろ企画を上げてもなかなか通らないという声も私は聞いております」と質問した。

これに対し、福地会長は「NHKスペシャルでは今日の日本が抱える様々な課題を厚みのある取材で浮かび上がらせてタイムリーに時代を切り取ってきているわけではございますが、お話のございました格差問題や貧困問題だけではなくて、厳しいグローバル競争についても重点的に描いているようでございまして、日本経済が直面している問題を多角的に取り上げているというのを検証しました」とそつなく答えた。

06年7月に放送された「ワーキングプア——働いても働いても豊かになれない」は、働いても生活保護の水準に満たない賃金しか得られない人たちを真正面から撮影し、大きな反響を呼んだ。07年度の新聞協会賞を受け、当時の橋本会長が「景気の変動の中で置き去りにされた問題を取り上げて世論を喚起した」と評価した番組だった。しかし、07年7月の参院選で自民党が大敗し与野党が逆転したのは、「ワーキングプア」の放送で格差問題が選挙の争点となったからだという不満が、与党議員からNHKに伝えられていた。

また、08年10月中旬には、8日に公示された総選挙の報道で、NHKが街頭での「有権者の声」を取材、放送しない方針に切り替えた、と報じられた。NHK広報室では「小選挙区制の導入で特に公正、公平な報道が求められるようになった」と説明しているが、国民の声を伝える報道機関として消極的すぎる、と批判の声が出た。消費税や行政改革など政策面の熾烈《しれつ》な争いのなか、「インタビューの一部の声を放送すると、それが多数の意見のように受け取られる恐れがある」というNHKの見解に、釈然としない視聴者は少なくなかったにちがいない。NHK会長の任期は3年。ただ、福地会長は「私の履歴書」で就任前のやり取りを記している。「古森さんから状況を聞くと、09年度からの経営計画を作り直すことが自分の任務なのだろうと考えた。すると『計画さえ作れば任期を全うする必要はないかもしれない』」

こうした経緯を裏付けるかのように、会長就任から約2年後に辞意を漏らした。読売新聞は10年1月28日の朝刊2面で「福地NHK会長　辞任意向伝える」と特報、「任期満了時はNHK予算案の国会審議時期にあたることから、次期会長への引き継ぎを円滑に行うためには、『任期満了前に辞めた方がいい』との意向を示し」た、と書いた。就任早々のインサイダー取引問題などの懸案を処理し会長として順調に運営していたと私に映っていた福地会長の辞意は、寝耳に水だった。その後、説得され辞意を撤回したが、「マイナスの要素がない」と続投を望む声が強かった経営委は、次期会長選びに動かざるを得なくなっていった。

会長人事でカギを握る経営委員長は小丸成洋《こまるしげひろ》・福山通運社長だった。広島県に本社を置く運送会社トップの小丸が、東京の財界人ら会長候補の人脈をもっているのか不安視されていた。一方、11年7月に地上波テレビのデジタル化移行を控えるNHKでは、総務省との太いパイプを持つ永井研二専務理事・技師長を、福地会長は後継にしたい意向だとみられていた。

西室泰三・東芝相談役らの名前が浮上したもののまとまらず難航した末、10年12月21日にあった経営委員会で、安西祐一郎《あんざいゆういちろう》・慶応義塾長、白井克彦《しらいかつひこ》・前早稲田大総長、草刈隆郎《くさかりたかお》・元日本郵船会長の3人が候補に上がった。草刈氏には就任の意思がなく、安西氏と白井氏に絞られていた。12月28日には安西氏が会長就任の要請を受諾する意向が明らかになった。

関係者によると、総務省幹部の推薦があり、小丸委員長も乗り気だったという。午後に経営委があった21日の午前中には、複数の経営委員に、総務省局長から「委員会が真っ二つになるようなことは避けてください」と安西氏を推すように依頼する異例の電話がかかってきていた。総務省による電話攻勢の影響か、21日時点では、経営委員の過半数が安西氏支持だったという。

ところが、横浜市在住の安西氏が就任の前提として、副会長の選任や会長用の都内の住居、会長交際費をどれくらい使えるかなどについて言及した、との情報が流れ、経営委員の一部から安西氏の資質を疑問視する声が出た。こうしたなか、東京中日スポーツが12月29日付で、「安西氏NHK会長〝異色〟条件で受諾　『副会長人事』『都内に部屋』『交際費』」の見出しをつけ、詳しく報じた。記事では「条件について『社会的に認められる内容とは思えない』と反発する声や、安西氏の経営手腕などを疑問視する声もあり、来年1月開催予定の経営委で認められるかは流動的な情勢だ」と指摘している。経営委関係者の声として「副会長人事はともかく、遠隔地に居住しているわけでもないのに部屋を用意するのはおかしい。交際費に言及するのもどうかと思う」を取り上げ、慶応義塾長の在任中に資産運用の含み損が膨らみ財政が悪化したことを問題視する意見も紹介している。

ある経営委員は「安西氏が内諾したあと、『報酬は』『部屋は』と言い出してから、女性委員が反発した。経営委員が安西氏に『小丸委員長との面識は』と聞いたら、『ありません』という返事だった。安西氏を『古くからの知り合い』と言って推薦していた小丸委員長は、その場にいて顔を真っ赤にしてうつむいていた」と振り返った。

結局、11年1月11日の経営委を前に、小丸委員長が安西氏の就任要請を撤回、安西氏も経営委に対する不信を表明し就任を拒否する意向を明らかにした。小丸委員長が「安西氏とは面識がなく、人物をよく知らない」と発言し混乱に拍車をかけた。また、安西氏も1月11日の記者会見で、「副会長人事を就任の条件としたことはない」と否定する一方で、都内の住居や交際費について問い合わせたことは認めた。

1月24日の会長任期満了まで2週間を切る時点で振り出しに戻るという会長選は、前代未聞の混迷ぶりだった。実は日経新聞が10年12月21日朝刊の企業総合面で、「NHK次期会長　JR東海・松本氏浮上」と報じていた。JR東海社長を務めた松本正之・同社副会長の名前を見出しに立てていた。新聞に出た当日、安西氏を後押しするため電話をかけてきた総務省局長に、松本氏の名前が出たことを尋ねたある経営委員は「あれは冗談です」と否定的な見通しを伝えられたという。

結局、11年1月15日の緊急経営委で、松本氏に決まった。小丸委員長が前経営委員長の古森重隆・富士フイルムホールディングス社長に相談し、古森氏と交遊関係がある葛西敬之・JR東海会長から紹介されたという経緯だった。個人的に松本氏を知っていた経営委員が太鼓判を押したことも後押しとなり、急浮上した松本氏の電撃的な就任が決まった。

小丸氏は混乱の責任を取り、1月25日、委員長の役職だけでなく経営委員も辞任した。経営委は3月8日、「新会長任命に至るまでの過程についての検証と総括」を発表した。「多くの厳しいご批判を真摯に受け止め」た総括では、「いったん会長就任を要請しながら今度は辞退を促すかのような受け止めをされても致しかたない事態となり、結果としてご名誉を大きく傷つけ、大変なご迷惑をおかけしました」と謝罪、「国民、視聴者の皆様に対しましてもご迷惑、ご心配をおかけし、深くお詫び申し上げます」と、不手際が目立った会長選びを自己批判する異例の記者会見も開いた。

「検証と総括」によると、会長任命のための指名委員会の立ち上げが10年11月24日と前回よりも遅かったのは小丸前委員長の判断で、結果として「会長候補を選考する際の手続き」を検討する時間が短く、周到さを欠いた。12月21日の指名委員会で複数の候補者が推薦され、安西氏が相対多数で第1位となった。しかし、12人の委員のうち任命の議決に必要な9票には届いていなかったため一本化の論議は行われなかった。

安西氏には推薦者の小丸前委員長が打診し、各委員に「受けられた」旨の連絡を各委員に電話でした。安西氏は小丸前委員長による三度の「会長就任要請」を辞退したあと、12月27日に小丸前委員長に「就任内諾の意向」を伝えた。「副会長任命権」など3条件の報道もあり、9票以上集まらない状況を伝えられた安西氏は11年1月11日、会長就任拒絶の記者会見を行った。

最終的に「経営委員会として、指名委員会の立ち上げを含む手続きに関する不備、ならびに情報管理上の不備から混乱を来したものと痛感し、深く反省しています」とまとめられている。

辞任した小丸氏のあと、11年4月に経営委員長に選ばれたのは、数土文夫・JFEホールディングス相談役だった。川崎製鉄社長時代に日本鋼管との合併を実現させ、JFEスチール、JFEホールディングス社長を歴任した辣腕の経営者と見られた経済人だった。

消極的だった秘密保護法、安保法制の報道

局内のさまざまな現場に足を運んでは職員との会話を重ねた福地前会長は、若手からの人気が高かった。一方、じっくりと話を聞くタイプの松本会長は、幹部からの評判が高かった。

同時に、松本会長になってから目についたのは、コンプライアンス重視の「厳罰主義」だった。11年1月に建造物侵入の疑いで逮捕された松江放送局の職員を諭旨免職にし、翌2月には無免許のまま車を運転していた札幌放送局放送部の記者は懲戒免職、視聴率データを契約に反してインターネット掲示板に断続的に投稿した大津放送局のディレクターを諭旨免職にした。5月には放送機材を盗んで起訴され公判中だった名古屋放送局の技術部専任エンジニアを懲戒免職、6月には備品の携帯電話やノートパソコン、デジタルカメラなどを持ち出したり私的に使っていた大阪放送局の技術局総務部職員も懲戒免職にした。

福地会長時代の10年10月、大相撲の野球賭博問題で家宅捜索に乗り出すという捜査情報を、

報道局スポーツ部記者がメールで親方に漏洩した件では、報道への信頼を失墜させる行為と大きな批判を招いたが、記者の処分は停職3カ月にとどまっていた。松本会長は11年6月の定例記者会見で「大半の職員は不祥事に大変、心を痛めている。処分はきちっとする必要がある。処分については、一定の範囲の中で厳しくする必要があると思っている」と述べた。視聴率データの投稿を突き止めたビデオリサーチの幹部が「免職の処分までするとは思わなかった」と漏らすほどの厳しい対応だった。

一方、松本会長時代、報道姿勢で果敢さが示されたかについては、疑問の声がある。国民の間で賛否が分かれながら13年12月に成立した秘密保護法に対する報道に、NHKは積極的とはいえなかった。看板番組である「NHKスペシャル」や「クローズアップ現代」で取り上げなかったのだ。

ある理事は「福地前会長のように、番組『プロフェッショナル』が好き、といった発言を松本会長はしない。番組についての指示も言わない」と語った。その一方、制作現場にいるドキュメンタリーのプロデューサーは「松本会長は『戦争ものはたくさんやるな』という意向と伝えられ、編成局が『（戦争ものが）多いんじゃないか』と言い、本数が減っていった。福地会長時代よりも締め付けが厳しくなった」と指摘する。

13年12月の放送総局長の定例会見で、私は「Nスペ」と「クロ現」で秘密保護法を見送った理由を質問した。石田研一放送総局長は「『ニュース7』や『ニュースウオッチ9』『時論公論』『日曜討論』では取り上げた。秘密保護法は重要な問題。Nスペやクロ現でも取り上げるべきだった、という声もあろうかと思う。（国会で）成立しても施行まで1年ある。取り上げていかないと、と思っている」と述べるにとどまった。

秘密保護法がしっかり取り上げられなかった理由について、NHK内部でこんな声があがっていた。「秘密保護法の批判を含んだ特集番組を作った場合、安倍首相に近い新会長が（14年1月に）就任したときに『誰がやったんだ』と責任問題になりかねない。だから誰も企画を提案せず、上司も命令しなかった」。みんなが自己保身に走った結果だった、というのだ。

波紋呼んだ原発番組の取材記録

11年の東日本大震災で起こった東京電力福島第一原発事故の炉心溶融による放射能放出の実態を追い直後に放送されたETV特集「ネットワークでつくる放射能汚染地図〜福島原発事故から2か月〜」は視聴者の関心を集めたドキュメンタリーとして評価され、日本ジャーナリスト会議（JCJ）大賞、石橋湛山記念・早稲田ジャーナリズム大賞、文化庁芸術祭賞大賞などを受けた。しかし、その取材記録をまとめ『ホットスポット――ネットワークでつくる放射能汚染地図』（講談社、2012年）として12年2月に出版された際、スタッフの1人が書いた「『あとがき』に代えて」の一節が局内で波紋を広げた。

「この本では、通常の番組本では書かれない機微な舞台裏も描かれている。それはＮＨＫという組織内の状況もふくめ、番組が制作され、放送にまで至ったプロセスを描かなければ原発事故直後、日本中が『金縛り』にあったかのような精神状況、メディア状況下で作られた番組のメイキング・ドキュメントにはならない、と思ったからである。あれだけの事故が起こっても、慣性の法則に従うかのような『原子力村』に配慮した報道スタイルにこだわる局幹部、取材規制を遵守するあまり、違反者に対しては容赦ないバッシングをし、『彼らは警察に追われている』『自衛隊に逮捕された』など根も葉もない噂を広げた他部局のディレクターや記者たち。彼らはそのルールが正当であるのか否かを、自らの頭で考えようとはしなかった。有事になると、組織に生きる人々が思考停止となり間違いを犯すことも含めて描かなければ、後世に残す３・11後の記録とはならないと考えたのである」

ある理事は「福島第一原発から10キロ圏内に入るな、という危機管理を批判されたら、返す言葉はない。報道局からは強い反発があった」と打ち明ける。他の上層部も「『ＥＴＶ特集』のスタッフになぜ、あそこまで言われないといけないのか、という声があがっていた。松本会長は就任当初から『チームワーク』を重視してきた。組織として最低限の対応が必要になった」と説明した。

結局、制作に関わりあとがきを書いた放送文化研究所主任研究員のほか、チェックを怠った監督責任を問われた番組のチーフプロデューサーと部長の計３人が、ＮＨＫから注意を受けた。

受信料値下げを乗り切った松本会長

松本会長時代の経営面での大きな足跡は、NHK史上初の受信料値下げだった。福地前会長時代の08年10月、経営委員会（古森重隆委員長）が執行部案を修正議決したうえで策定された09年度から3カ年の中期経営計画で「12年度から受信料収入の10％の還元を実行する」が盛り込まれ、宿題となっていた。

結局、12年10月から平均7％の値下げが実施されることになった。月額でいえば、地上契約（口座・クレジット）が1345円から1225円に、衛星契約（同）では2290円から2170円と、それぞれ120円ずつ引き下げられた。局内では「こんなに下げて、震災対応（の設備改修）をできるのか」という声が出たが、当時のNHK会長と経営委員長が「値下げ」と言っている事実を重く受け止めたことを出発点として、5回の値下げ計画が経営委に示された。値下げ率が3・9％、6・4％、7・0％と徐々に引き上げられ、11年10月に決着した。のちに、松本会長が「7％値下げなんて、普通の企業ならあり得ない。体をけさ固めされたなかで、業績の回復を図らねばならなかった」と述懐するのを直に聞いた。

12年度下半期に218億円の減収影響があったが、業績確保の前倒しや経費削減で受信料の減収を13億円にとどめるなどして、12年度決算では223億円の黒字を確保した。値下げの通年化で前年度より224億円の減収影響があったが、営業活動の強化で48億円の減収にとどめ、

13年度では収入と支出をともに6479億円とする均衡予算を組み、人件費の削減や効率的な営業改革などで赤字を回避した。値下げによる減収は年間で443億円と見込まれたが、給与の削減20億円、事業収支の見直し18億円などを積み上げて乗り切った。松本会長が退任したあとの14年6月に発表された13年度決算では、収入6615億円、支出6432億円と182億円の黒字を出し、値下げのなかで増収を確保して経営手腕が評価された。気のきいた冗談を言うでもなく、堅実な言動に終始した松本会長は、国鉄時代に警察に出向したことがある。NHK局内で「本当の警察官みたい」と評する人がいた。本人は「鉄道会社はすべてダイヤに収斂される。NHKは自由度が多少あるが、公の使命という点では根本は同じだ」と言っていた。

経営委員だった竹中ナミ氏は、委員を退任したあとの13年10月のブログで、松本氏の印象を綴っている。

「初めて会った印象は『強面（こわもて）！』の一言。上背のあるガッシリした体躯と、鋭い眼光、寡黙、ハンサムには程遠い（失礼！）お顔立ち。『無駄口一切たたかへんぞ』と決めてはるような厳しい表情で経営委員会に臨まれました。労組の人たちもマスコミからも『何を聞いても返事が返ってこない。困った、とっつきにくい！』という声が上がりました。私は『チャレンジド※』の就労促進のため、無数の企業幹部に会ってきた』んやけど、こういう寡黙なタイプの方は『実は語るべきことがない』か、または『語るべき時までは語らない』のどっちかなんやけど、松本さんには『後者であって欲しい。旧国鉄時代から労務・人事のオーソリティとしてご苦労されてきた人やから、きっと後者に違いない』と期待しつつ、松本さんの『変化』に注目してました」

「多くの経営者に出会い対峙してきた私にとって、間近に見た松本さんの人柄と手腕は、率直に言って『花丸』です。大震災対応、値下げ、役員報酬切り下げ、職員給与削減と勤務体系の改革……そのどれかを出来る人は居ても、その全てを3年間でやり遂げるというのは並大抵のことやないです。まさに『松本イリュージョン』というても過言やないと思います」

経営委員だった竹中氏の高い評価とは裏腹に、民主党政権から自公政権に代わり安倍晋三首相が返り咲いた官邸は、松本会長のクビのすげ替えを決意し、経営委員の交代を通じ、新たな会長選びに動き出していた。

※障がい者を指す呼称

4章 〝お騒がせ〟籾井ＮＨＫ前会長の暴走の果て

２０１２年12月に顔を合わせたＮＨＫ役員はつぶやいた。「これから大変になるよ」。安倍晋三氏の5年ぶりの首相返り咲きが確実視されていた時期だ。この役員は「政権による放送介入の恐れがある。中立がわからない人だから」と言った。

安倍氏は「ＥＴＶ２００１」が放送された01年1月当時、官房副長官だった。この番組が放送される前日の1月29日、ＮＨＫ役員らから番組について官邸で説明を受けた。そのとき、「公平公正にやってほしい」と述べたといわれる。その後、役員自らが慰安婦の発言部分のカットなどを指示し、番組改変が引き起こされた。

この案件で安倍氏は「ＮＨＫに改変を働きかけたのではないか」という疑念をもたれた。ＮＨＫも放送前に政治家に番組内容について「お伺い」を立てた末に、放送直前に予定よりも4分間短くして40分間にするという異例の改変を行い、視聴者からの信頼を大きく損ねた。ともに傷を負った格好となった。

安倍氏は06年には首相に上り詰める。その際、経営委員として任命を受け、07年6月に委員長の座についたのは、安倍氏を支援する財界人の集まり「四季の会」のメンバーだった古森重隆・富士フイルムホールディングス社長だった。

調整役タイプが多かった従来の経営委員長とは異なり、踏み込んだ物言いをする古森委員長は周囲とあつれきを生んだ。07年7月の参院選で自民党が敗北し与野党が逆転、安倍首相が退陣すると、古森氏は任期を迎えた08年12月、再任されることなく、経営委を去った。古森氏は退任する前月のインタビューで「改革に向けたNHKの抵抗は想像以上だった」「12年度の（受信料）10％値下げを（次期経営計画に）明記したことで、NHKは経営に真剣になる。経営委はNHKにとって良いことをしたと思う」（日本経済新聞、2008年11月15日付朝刊）と、自らの実績を強調した。

こうした経緯があっただけに、NHK幹部は安倍氏の再登板に身構えたのだった。

NHK経営委員人事に示された安倍カラー、松本会長は退任へ

安倍氏が首相に返り咲いてから半年後の13年5月13日、日経新聞は朝刊1面に「浜田経営委員長退任へ　後任、JT・本田氏軸に」と報じた。6月19日に任期を迎える浜田健一郎委員長（ANA総合研究所会長）の後任の人事案だった。本田氏は安倍首相の学生時代の家庭教師で、首相との距離の近さが目を引いた。

5月19日には、朝日新聞が「JTの本田氏、就任へ　NHK経営委員長」と踏み込んだ。し

かし、ねじれ国会が解消していなかったなか、事前に報道されたうえ、本田氏の人事案が野党からの反発を招きそうなことから引っ込められ、21日に浜田委員長の再任案が提示された。28日に政府が提出した国会同意人事案は浜田氏の再任に落ち着き、差し替えは見送られた。

ただ、安倍首相の周辺では、ＮＨＫに対する不満が渦巻いていた。13年6月19日付で**経営委員を退任したＮＧＯ「プロップ・ステーション」理事長の竹中ナミ氏は同月11日にあった経営委員会の退任あいさつで、あるエピソードを紹介した。**

竹中氏が委員をつとめる財政制度等審議会があったとき、委員になった葛西敬之ＪＲ東海会長に「(元ＪＲ東海副会長の)松本さん、ようやってはりますわ、ありがとうございました」と、松本正之ＮＨＫ会長をほめるあいさつをしたところ、葛西氏が「今のＮＨＫは、税金を使って国益に適わない放送を垂れ流している」と怒りだした、と言ったのだった。葛西氏も「四季の会」メンバーで、安倍首相と親しい財界人として知られている。

このころから、原発やオスプレイ沖縄配備についてのＮＨＫ報道に対し、官邸が不満を抱いている、という見方が伝わり始めた。永田町とＮＨＫをよく知る関係者は「ＮＨＫはあれだけ反原発の報道をしたのだから、松本会長の再任はない。葛西氏の推薦でＮＨＫ会長になったのに、松本会長は就任後、『あなたの言うことは聞かない』と葛西氏にタンカを切った。ＪＲ東海を追い出されたような感じをもっているらしい。7月の参院選後は騒がしくなる」と予言した。

あるＮＨＫ役員は「葛西氏は『松本が言うことを聞かない』と言っているようだ。ＮＨＫに対する原発報道批判というのは、永田町がそう見ている、ということだろう。安倍首相もいまはＮＨＫに対しておとなしいが、葛西氏と同じ気持ちだろう」と話した。ある民放の社長も「官邸サイドがＮＨＫの原発や沖縄の報道に対して不満がある、ということを漏れ聞いたことがある」と言った。

ただ、後に私が松本会長に「葛西氏から諸星衛・元理事の副会長起用や報道内容への注文はあったのか」と聞いたところ、「私にはない」という返事だった。あるＮＨＫ関係者は、葛西氏は松本会長がＮＨＫに招いた、国鉄同期入社で元ＪＲ東海副社長の石塚正孝特別主幹を経て要求項目を伝えていた、と指摘する。

05年にある全国紙がＮＨＫの原発報道を批判した記事を掲載した際、経営委員会で松本会長が「誤解している。心外だ」と釈明したうえで、「原発問題ではなくエネルギー問題として取り上げるべきだと考えている」と発言したことがあった、とある経営委員は証言した。

13年7月の参院選で自民党が圧勝、ねじれ国会は解消された。安倍内閣から10月25日、本田勝彦・日本たばこ産業顧問と作家の百田尚樹氏、長谷川三千子・埼玉大名誉教授、中島尚正・海陽中等教育学校校長の新任4人と、石原進《いしはらすすむ》・ＪＲ九州会長の再任を求める経営委員の国会同意人事案が衆参両院に提示された。百田、長谷川両氏は12年秋にあった自民党総裁選の前、

「安倍首相を求める民間人有志による緊急声明」の発起人として名を連ね、中島氏が校長を務める海陽中等教育学校は葛西氏が副理事長となっていた。本田氏と百田氏は11月11日付で、長谷川、中島両氏は12月11日付でそれぞれ経営委員に就任した。

この同意人事案が示された直後の11月1日、読売新聞は朝刊の1面トップで「松本NHK会長　交代の公算」という記事を掲載した。記事では「政府・与党や財界には交代の声が強まっている」「複数の政府関係者によると、首相はNHKの体制を刷新すべきだとの意向が強い」と書かれていた。さらに、同紙は11月9日の朝刊では「NHK会長交代へ」と報じた。記事では「安倍政権は民主党時代に行われた人事の刷新を進めており、菅政権で就任した松本氏の去就は注目を集めていた。松本氏の交代論が強まったのは、NHKの報道に対する不満の声がきっかけとされる。原子力発電所の再稼働や米軍の新型輸送機MV22オスプレイの沖縄県への配備などについて『取り上げ方に偏りがある』との指摘が出ていた」と書かれていた。これに対し、あるNHK理事は「読売のNHK会長人事の記事は事実報道ではない。ひどすぎる。松本会長は不愉快だったろう」と憤った。別のNHK理事は「松本会長が就任し小野直路副会長を指名したとき、JR東海の葛西会長は諸星衛・元NHK理事を副会長に起用するよう言っていた」と指摘していた。

すると、12月5日の定例記者会見で、松本会長は「やるべきことはもうやった。一定の役割は果たしていると考えている。一定の区切りがついている」と1期限りでの退任を突如表明した。営業改革で赤字予算を収支均衡にし、国会で指摘のあった高い人件費について労組との間で引き下げの同意を取りつけるなど、経営面で実績をあげ、経営委員会からも高い評価を受けていた。ＮＨＫ内部では再任が有力視されていただけに、「想定外」（浜田委員長）の事態となった。

ある経営委員は「松本会長は職員の人件費を下げたり、震災に備えた大阪放送局のバックアップ機能化を成し遂げるなど実績をあげていただけに、『やってられない』と思って辞意を固めたのではないか。経営委員会には後継を指名せず、『お任せします』と言っていた。経営委員の大半は松本会長を高く評価していたのだが」と不可解な退任表明の背景を推察した。

松本氏は会長として最後となった14年1月24日、「やっぱり寂しい。みんなと一緒にやったから。一生懸命やってきた。満足感はありますよ」という言葉を残し、ＮＨＫを去った。

籾井氏を推したのは元経団連会長

13年7月に会長の指名部会を立ち上げていた経営委があげるＮＨＫ会長の要件は、次の6つだった。（1）公共放送の使命を十分に理解している（2）人格高潔で、広く国民から信頼される（3）政治的に中立（4）構想力、リーダーシップが豊か（5）社会環境の変化、新しい時代の要請に対応できる経営的センスをもつ（6）業務遂行力、説明力がある。

松本会長の辞意表明で、経営委は後任を見つけなければならなくなった。経営委は12月13日の指名部会で、委員から推薦のあった学識経験者を含む４人について１人ずつ賛否を聞いたところ、出席した委員11人のうち過半数を集めたのが三井物産元副社長の籾井《もみい》勝人《かつと》・日本ユニシス特別顧問だけだった。20日の経営委で最終候補となり、全会一致で会長に任命されたのが籾井氏だった。

籾井氏を会長候補に推薦したのはＪＲ九州会長の石原進経営委員だった。では、畑違いの籾井氏がなぜ会長候補に浮上したのだろうか。**籾井氏を会長に推したのは同じ福岡県出身の麻生太郎副総理兼財務相、という報道が複数あった。麻生財務相は籾井氏と面識はあったようだ。しかし、実際に推したのは、新日鉄の社長と会長を歴任し、経団連会長を務めた今井敬・新日本製鉄名誉会長だった。今井名誉会長の甥《おい》は、安倍首相の側近である今井尚哉首相秘書官である。**

今井名誉会長は籾井氏がＮＨＫ会長に就任し失言問題を起こしたあと、ある会合でＮＨＫ関係者に会った際、「反省しています」と述べ、自らが籾井氏を会長に推したことを打ち明けた、という。籾井氏は三井物産時代には鉄鋼を長く担当していて、今井名誉会長とつながりがあった。

浜田健一郎経営委員長は20日の記者会見で、籾井氏を選んだ理由を説明した。「大きな組織を経営した実績があり、海外経験が豊富で国際的業務に対応できる。ＮＨＫの課題である国際放送の強化、放送と通信の融合を推進してもらえる。経営委員会での籾井氏の発言は、公平公正の精神に立ち、ぶれない姿勢で臨んでいた。組織のガバナンスを重視する姿勢があり、リーダーシップを発揮できると判断した」。日本ユニシス社長時代の経営業績を疑問視する質問に対しても、「悪い評価はしてない。いい評価だ」と一蹴した。

次期会長に決まった籾井氏はこの日、東京・渋谷のＮＨＫで記者会見した。このときの発言にも危うさがあった。「私の人生をドラマにすれば『半沢直樹』よりおもしろくなりますよ」と、銀行内で上司と対立しながら初志を貫く主人公としたＴＢＳのヒットドラマをもち出して自らのサラリーマン人生を形容した。性格を聞かれたときには、「炭鉱出身なので野蛮なところがある」と地域差別につながりかねない表現が飛び出した。取材を受け、13年12月26日号の週刊文春に掲載された「ＮＨＫに限らず、テレビの報道は皆おかしいですよ」という発言の真意を問われた質問には「ほろ酔い加減だったものですから」と、口の軽さを認める言い訳をした。

この会見で「語彙が不足している。ザクッというから誤解されやすい」と籾井氏自身が認めた表現力については、任命した経営委員も危惧を抱いていた。20日の経営委員会で所信を聞き籾井氏が退席したあと、5人の委員から「言葉遣いが気になった」「間違ったことを言っている」と、懸念する発言が相次いだ。ただ結局、推薦した石原委員は「役職に就いたら自覚する」と主張し、全会一致での任命となった。しかし、翌月の就任会見で経営委員の不安はまさに的中し、問題発言が連発されたのだった。

籾井会長の就任会見で飛び出した失言の数々

「ETV2001」問題から9年、表面的には波立つことがあまりなかった公共放送と政治の関わり合いについて、爆弾発言が起きた。発火点となったのは籾井勝人NHK新会長だった。三井物産副社長、日本ユニシス社長を経て、14年1月25日にNHK会長となった籾井氏は就任初日に、歴代会長と同じく記者会見をした。

放送法の順守を強調したあと、次期会長に決まったときの記者会見で抱負としてあげた「国際放送の強化」について質問された。籾井氏は「尖閣、竹島、こういう領土問題については、明確にやはり日本の立場を主張するということは、当然のことだと思います……政府が右と言っているものを、われわれが左と言うわけにはいかない」と述べた。

次に、安倍首相の靖国神社参拝について聞かれると、こう答えた。「総理の信念で行かれたということですよね。それはそれでよろしいじゃないですか。それをいいの悪いのっていう立場に私はないです。……淡々と総理は靖国に参拝されましたというだけでしょ。ピリオドでしょ」

そして、「ETV2001」のあと慰安婦についての番組が制作されていない理由を問う質問があった。籾井会長は「コメントを控えてはダメですか」と話したあと、「(慰安婦は)戦争をしているどの国にもあったでしょうということですよ。ドイツにありませんでしたか、フランスにありませんでしたか。そんなことはないでしょう。ヨーロッパはどこだってあったでしょう。じゃあなぜ、オランダに今ごろまだ飾り窓があるんですか」と語った。「会長の職はさておき、これ忘れないでください」と断ったあと、「韓国は日本だけが強制連行したみたいなことを言っているから、話がややこしいんですよ。だから、お金よこせ、と言ってるわけですよ。補償しろと言ってるわけ。しかし、そういうことはすべて日韓条約で解決しているわけですよ。それをなぜ蒸し返すんですか」と発言した。「ここは会長会見の場」と記者に詰め寄られ、「全部取り消します」と言ったが、公式の記者会見で語ったことをなかったことにはできず、あとの祭りになった。

会見ではその後も「(特定秘密保護法は) 決まったことに対してああだこうだと、言ってもしょうがないとは思わないけど、もし本当に世間がいろいろ心配しているようなことが政府の目的であればこれは大変なことですが、まあそういうこともないんではないか。これが必要だったという政府の説明ですから、それはそれで取りあえず受けて、やっぱり様子を見るしかないじゃないでしょうか。あまりそのカッカカッカくる必要もないと僕は思います」と述べた。このように、意見のわかれる政治判断や政策について、政府の見解に沿った持論を展開した。国際放送では、政府の考え方を無批判に伝える国営放送のような役割をするような姿勢まで見せたのだった。

ＮＨＫにとって、政治からの自律は、最も重視されてきた譲れぬ一線だったはずだ。ところが、政府と一体化したかのような見解をNHK会長がいともたやすく語るのはこれまでになかった。翌朝の在京紙では、朝日、毎日、東京の各紙が籾井会長発言を1面で批判的に取り上げた。視聴者からも電話が殺到した。その数は1月28日までに3000件。批判的意見が60%、肯定的意見が20%だった。

会長就任会見で飛び出した籾井氏の失言

ここでもう一度、就任会見のやり取りの全体を一問一答で振り返ってみる。

籾井勝人　NHK会長＝2016年1月、東京都渋谷区（提供：毎日新聞社）

籾井会長「朝、NHKに到着しまして、まったく新しい職場、自分が今までのなかで親しくお付き合いした方がいない組織に来るということでそこそこ緊張もしましたが、この緊張感はやはりよいものでして、私自身、この快い緊張感とともにですね、やるぞとそういう気持ちで今日は着任いたしました。今までの先輩の培われたNHKという非常にいい組織の土壌もありますし、たぶん悪い部分もいろいろ目に付くようになるとは思いますが、たぶん私のやることは、そのへんのボルト、ナットをもう一回締め直すということが主たる任務になるのではなかろうかと思います」

――放送法の遵守を大きな課題とおっしゃっておりますけれど、現在のＮＨＫの番組を見て危惧がもしあるんだったら、具体的にどういうような番組のことをおっしゃっているのか教えてください。

「今までそういう目であんまり見ておりませんので。放送法との絡みで。私自身が具体的に申すことはできませんけれども、要するに、どんなことを言われようが、放送法にキチッと遵守するようなものを作っておれば、これは何の問題もないと、私は考えております。ＮＨＫが右だ左だ真ん中だ、そういうことをいう必要もなくですね、放送法に書かれたことを遵守していけばですね、大丈夫と思っています」

――国際放送を強化したいとおっしゃっておりますけれど、政府の主張をそのまま伝えるのか、広く民主主義の発展に寄与するために伝えていくことが大事なのか。

「国際放送につきましてはですね、これはやっぱり多少、国内とは違うのではないか、というふうに思います。例えば尖閣、竹島、こういう領土問題についえは、明確にやはり日本の立場を主張するということは当然のことだと思います。『時には政府のいうことを』とおっしゃいますけれど、じゃあ、政府が右といっているものを、我々が左というわけにはいかないと。国際放送についてはそういうニュアンスもあると思います。やはり外交が絡む問題ですから、やはり俺はこう思うのだといって、勝手にというかね、そういう明後日のことをいうわけにもいきませんし、まず領土問題についてはおそらくは齟齬はないと思いますね」

――靖国問題についても領土問題と同様な考え方なのでしょうか。

「もう少し複雑かもしれませんね。それについては、ちょっと私もコメントは差し控えたいですね。何を期待されますか、私の口から」

――靖国神社の問題についても同じような基準というかですね、考え方で臨んでいらっしゃるのか、ということです。

「申し訳ないですけど、コメントを差し控えたい。昔の人はね、皆、戦争に行くときにどうやって心を慰めたかというと、死んで靖国に帰るといって、みんな送り出したわけですよ。違うところで、例えば千鳥ケ淵じゃダメなのかというと、いや違うんだと。いま、問題になっているのは戦犯の問題だけですよね」

――参拝の問題で。

「参拝？」

――政治家が参拝するかというような問題。

「まあ、（安倍）総理は行かれたわけですから。総理の信念で行かれたということですよね、それはそれでよろしいじゃないですか。それをいいの悪いのっていう立場に私はないです。行かれたという事実だけですね」

――ＮＨＫの報道の姿勢として。

「それをどうだこうだというつもりはないです。ただ淡々と、総理は靖国に参拝されましたというだけでしょ。ピリオドでしょ」

――領土問題とは少し違うと。

「領土問題とは全然違うでしょう」

――政府とNHKの距離の問題についてご発言されていると思うのですけど、今から10年少し前にあった『ETV2001』の問題のことなのですが、慰安婦をめぐる問題については『ETV2001』以来、番組はNHKにおいてはキチッとしたものが制作されておりません。慰安婦問題については、会長ご自身はどのようにお考えでしょうか。

「コメントを控えてはダメですか。戦時慰安婦ですよね、戦時だからいいとか悪いとか言うつもりは毛頭ないんですが、この辺の問題は皆さんよくご存じでしょう。どこの国にもあったことですよね。違います?」

――私に質問しているんですか。籾井会長が改めて考えることがあればお尋ねしたいと思います。

「こっちから質問ですけど、韓国だけにあったことだとお思いですか」

――どこの国でもというと、すべての国で、というふうに取られると思うんですけれども。

「それは戦争している戦争地域ということですよ」

――どこの国でも、という?

「あったと思いますね、僕は」

――何か証拠があって、おっしゃっているんでしょうか？

「いや、それは」

――いくつかの国でそういうことはあるとは思いますけれども。

「この問題はこれ以上深入りするのはやめたいと思いますけれども。いいですか、慰安婦そのものがいいか悪いかと言われれば、これは今のモラルでは悪いんです。じゃあ、従軍慰安婦はどうだったかと言われると、そのときの現実としてあったということなんですよ。私は慰安婦がいい、とは言ってないんです」

――もちろんわかりますよ、わかるけれども。

「ただし、ことは2つに分けないと、話はややこしいですよ。従軍慰安婦が韓国だけにあって、他になかったという証拠がありますか。それはあり得ないでしょう」

――他の国にもあったということと、どこの国にもあったということは結構違うと思うんですけれども。

「そんな言葉尻とらえてもダメですよ。行って調べてご覧なさいよ。あったはずですよ。あったんですよ、現実的に。ない、という証拠もないでしょう。議論するつもりはないけど。やっぱり従軍慰安婦の問題をいろいろ云々されるとですね、ちょっとおかしいなという気がしますよ。別に従軍慰安婦がいい、と言ってるわけではないですよ」

――もちろん、それは分かってるんですけど。

「しかし、どう思われます？　日本だけがやってたようなことを言われて」

――要するに、他の国でもあったということと、すべての国でもあったということは。

「戦争をしているどこの国でもあったということですよ。ドイツにありませんでしたか、フランスにありませんでしたか。そんなことはないでしょう。ヨーロッパはどこだってあったでしょう。じゃあ、なぜオランダに今ごろ、まだ飾り窓があるんですか」

――わかりました。

「どこでもあったと言ったのは、世界中くまなくどこでもあったと言っているのではなく、戦争している国はだいたいそういうものはつきものだったと言っているんですよ。証拠があるかと言われたけれども、逆に、なかったという証拠はそこにあるんだと聞きたいくらいね。一番不満なのは、いま韓国がやってることで一番不満なのは、ここまでいうのは会長として言い過ぎですから、会長の職はさておき、これ忘れないでください。韓国は日本だけが強制連行したみたいなことを言ってるから、話がややこしいんですよ。だから、お金よこせ、と言ってるわけですよ。補償しろ、と言ってるわけ。しかし、そういうことはすべて日韓条約で全部解決しているわけですよ。国際的にはね。それをなぜ蒸し返すんですかと。おかしいでしょう」

――会長としての職はさておき、と言いますけど、会長会見の場なんで。

「失礼しました。全部取り消します」

――取り消せないですよ、もうおっしゃったら。

「いやいや、さておいたんですよ、私は。あれだけしつこく質問されたから、私は答えなきゃいかんと思って答えましたが会長としては答えられませんので、会長としてはさておいてと、こう言ったんですよ。それがここは会長会見だと。じゃあ取り消しますと言ったら、取り消せないとおっしゃったら、私のさておいてはどうなるんですか。そんなこと言ったら、まともな会話ができないですよ。それはノーコメントです、ノーコメントですと言ってたら、それで済んじゃうじゃないですか。それでよろしいんでしょうか」

――籾井さんの個人的な見解ということだと思うんですが、だとしてもというか、NHKの番組に関しても編集の責任者という部分もあるので、番組に対してご自身のお考えを何らかの形で反映させたりしたいという思いがあるのかないのか。そこを明確におっしゃることがすごく大事なんだと思うんですけれども。

「何度も申しておりますが、我々の放送に対する判断は、全部放送法に則っておりますから、私がどういう考えであろうがなかろうが、全部放送法に基づいて判断をします。そういうことです」

――秘密法護法について「NHKスペシャル」や「クローズアップ現代」で1度も取り上げられていない。もう少し法律の是非について幅広い意見があることとか、問題点の追及をした方がいいという指摘があるんですけれども、秘密保護法についてのNHKの伝え方についてどう思われますか。

「一応通っちゃったんですね。もう言ってもしょうがない、と思うんですけども。僕なりに個人的な意見はないことはないんですが、あまりにもあれなんで、ちょっと差し控えさせていただければと思いますが」

——法律が通ったんで、これ以上議論を蒸し返すようなことをあまりしない方がいいという。

「そういう意味ではないんですけど。必要があればやりますよ、これはね。でも、一応決まったわけでしょう。決まったことに対して、ああだこうだと言ってもしょうがないとは思わないけど、もし本当に世間がいろいろ心配しているようなことが政府の目的であれば、これは大変なことですが、まあそういうこともないんではないか。しばらく出来たものに対してどういうふうにやっていくのか、国際問題等々も考えてですね、これは必要だったという政府の説明ですから、それでとりあえず受けて、やっぱり様子を見るしかないいんじゃないでしょうか。あまり、そのカッカカッカくる必要もない、と僕は思いますし、昔のようなことが起こるとも考えにくいですね」

「政府の人なんかにたぶん言わすと、賛成があっていいんじゃないか、なんでメディアは反対ばっかりするんだっていうことだってありますしね。ただ我々は政府とはピシッと距離を置いてやると。それは何かっていうと、放送法であります。それに沿ってやればですね、政府の言いなりとか、そういうことにはならないというのが、私の思いでございます」

――安倍政権との距離が籾井さんは必ずしも遠くはない、もしかしたら近いかもしれないというふうに見られている中での就任なんですけれども、会見の内容が政権の思い、安倍首相の思いと非常にシンクロしているように聞こえてくる。政権の意向を公共放送であるＮＨＫに持ち込みたい、政権の意向をもっと代弁させたいというお考えがあるのかどうか。

「政府が？　それとも僕が？」

――籾井さんご自身が。

「ありません。何回も申しているように、私が放送法といってるのは、要するに我々は距離を保つんだということですよね、保てるということなんですよ。それをご理解いただきたいと思います。私の個人的思想が誰かと近いと思われてもですね、それはたまたまのことであってですね、違うこともいっぱいあるでしょう。僕が政府に近いと思われるのは、それは皆さんのご自由でございます。就任のときも言いましたが、政治家は本当に知りませんから。皆さん、僕のこと知らなかったでしょ。ことほどさように、僕は表に出てきてない人間なんですよ。いま私が申したようなことは、政府から吹き込まれたことでも何でもないんですよ」

会見での発言で批判を受けた籾井氏をよく知る三井物産関係者は「**商社にかつていた豪放《ごうほう》磊落《らいらく》な古いタイプの人間だが、ジャーナリズムや報道についての見識というＮＨＫトップに最も必要な資質に欠け、適性がなかった。残念な気持ちだ。知性で勝負してきた人ではない。日**

本ユニシス時代の経営実績はゼロだ」とため息をついた。

殺到した苦情の電話・メール、経営委員会からは注意

籾井会長の発言は、就任会見の報道では類を見ない大きさで伝えられた。在京紙では、朝日と毎日、東京が1面で取り上げたほか、関連記事を2、3面や社会面に載せた。1面の主見出しは、朝日が「従軍慰安婦『どこの国にも』 韓国の補償要求『おかしい』」、毎日が「慰安婦『どこの国でも』」、東京は「秘密保護法しょうがない・慰安婦どこもあった」だった。

これに対し、読売は2面に「放送法を順守」という見出しのベタ記事を載せただけ、日経も企業面に「放送センター建て替え前倒しも」と、それぞれ問題発言を前面には出さない扱いだった。

一方、産経は1面に「NHK新会長が韓国批判」、2面に「偏向是正へ問われる手腕」という他紙とは異なる角度からの記事を掲載した。扱いの落差が各紙でこれほどはっきりするのも珍しかった。

この直後、ある経営委員は「ああいう人だとわかっていたら会長に選ばなかった。商社の副社長は馬力さえあればできるかもしれないが、拠って立つ教養は急にできるものではない。先が思いやられる」と頭を抱えた。別の委員は「やる気に燃えていて、空回りしたのだろうか。率直であればいいというものではない」と戸惑いを隠さなかった。他の委員も「胃が痛い。

『記者がしつこく聞くから』と弁明していたが、ビデオを見ると自ら言っていた。あんなウソをつく人は今まで見たことがない」と酷評した。

ＮＨＫ職員も度肝を抜かれた。報道局のある管理職は「公共放送とは何か、というベースを全く理解していない。まさか、ここまでとは」と嘆いた。放送総局のあるディレクターは「慰安婦問題で韓国を批判した発言を聞いたとき、完全にアウトだと思った。歴史的事実を知らないうえに、地雷を自ら踏んで脱線していくようでは、メディアのトップは務まらない」と断じた。ドキュメンタリーのプロデューサーは「まったくガッカリ。微妙な歴史問題を一方的にしゃべってしまうようでは、とても公共放送のトップは務まらない。うっかりしゃべったというより、確信犯としてしゃべったのではないか。保守的な考えをもっているにしても、ああいう場であいうことを話すのはアウト」と失望を隠さなかった。

ある理事は「紅白プロデューサーの不正経理やインサイダー事件のときより、ＮＨＫのブランドイメージの毀損は大きい。このままでは公共放送はもたない」と危機感を露わにした。籾井氏の資質についても、「前日説明したことを覚えていない。すぐカッとなるところがある。また、朝は機嫌が良くても、夕方に元気がなくなり不機嫌になることがある。70歳になってからの会長は無理なのか」と疑問を投げかけた。とはいえ、「会長に反旗を翻すわけにはいかない。目の前のことに対応するだけだ。視聴者に責任があるから。会長を支えるつもりはないが、視聴者や国会には説明責任がある」と自らを鼓舞するように話した。

実は、ＮＨＫ幹部の間では、会見以前から籾井氏への不信感が芽生えていた。次期会長に決まってから就任会見まで36日間あった。ＮＨＫ関係者によると、この間にＮＨＫに足を運んだのは数日だった、といわれる。「２日間だった」という人もいる。また、理事がＮＨＫの現状や課題を籾井氏に説明するため書類を用意しても、ペーパーを見ようとしなかったという。事前に渡したときも、書類を読んだ形跡が見られなかった。松本前会長は就任するわずか10日前に任命されたが、土曜や日曜も幹部から説明を受け、渡された説明資料に線を引き、睡眠時間を削って読み込んだ様子がうかがえたという。籾井氏は２月19日の参院総務委員会で「レクチャーは一通りザラッとはしましたけれども、内容まで立ち入ったようなレクチャーをいただく時間はありませんでした」と認めている。ある理事は「私の説明時間は20分だった。私が行った日には８人が籾井会長にそれぞれ説明した」と述べた。

就任会見が大きな問題になったあとの１月27日、籾井氏はＮＨＫ関連団体トップと顔合わせをした。籾井氏は「商社マンでズケズケものを言う性格なので」と述べ、反省したそぶりは見せなかったという。

海外からも大きな反発があった。駐日韓国大使館によると、外交部報道官が「日本を間違ってリードする人がいる」と述べ、与党セヌリ党からは辞任要求が出た。中国外務省の秦剛報道局長は「軍国主義による犯罪を否定する勢力が、日本にあることを反映した発言だ」と批判した。

「従軍慰安婦はヨーロッパのどこにでもあった。なぜ、いまオランダに飾り窓があるのか」という籾井会長の発言をどう受け止めたのか、駐日オランダ大使館に質問した。同大使館の報道文化部は2月11日、従軍慰安婦はオランダには「ありませんでした」と事実関係を否定するとともに、「外国軍隊による強制売春は、現在オランダに存在する売春や日本に存在する性産業とは関係ありません」と回答した。そのうえで、「オランダ政府として1993年に発表された河野談話に対する日本政府の全面承認の重要性を改めて表明する」と強調した。主張の是非以前に、間違った歴史的な事実をもとに籾井氏が持論を展開していたことがわかる。

慰安婦問題についての籾井会長の発言は、「『ETV2001』以来、NHKでは慰安婦問題の番組を制作していないが、慰安婦問題についてどのように思うか」という質問がきっかけだった。会見のやり取りは東京・渋谷のNHK本部に館内中継されていた。聞いていた職員は「記者の質問は意外と紳士的だった」と振り返る。後に「記者がしつこく聞くから」と述べた籾井会長の釈明とはずいぶんと違いがある。ある経営委員も「会見の動画を見たが、会長自らが言っている。『しつこいから』というのはウソ」とにべもない。

1月31日の衆院予算委員会で、籾井会長は「右とか左とか言ったのは、これはちょっと、赤と白と置きかえていただければ……そういうふうにご理解いただければよろしいかと思います」と、本質からずれた答弁をした。かつて、NHKのある役員は国会の委員会の答弁で「右からも左からも……」と言いかけて、あわてて「前からも後ろからも批判されることが多いのですが」と付け加えた。政治的な批判と受け止められるのを避けようと、細心の注意を払う場が国会だったのと比べると、首をかしげたくなるような稚拙な喩えの表現が目立った。

国内の視聴者からの反応も素早かった。会見から9日後の2月3日17時までに、電話・メールが1万2300件（批判的意見7200件、肯定的意見3500件）。批判の主な声は「考え方が政府寄りだ」「歴史認識が間違っている」「不偏不党、公平などが守られておらず、偏った放送になるのか心配」「公共放送の役割を理解しておらず、トップとしてふさわしくない」などが中心だった。一方、擁護する主張として「慰安婦や領土の問題について日本の立場をはっきり言及している」「ようやく、NHKがまともになる」「今後のNHKに期待する」などだった。受信料に言及したのが25％、会長の進退に言及したものも25％あった。約1カ月後の2月19日夕までには1万8400件（同1万1300件、同4300件）。2カ月後の3月25日夕までには3万5700件（同2万3000件、同6500件）と、苦情の声は収まる気配を見せていなかった。

05年1月に海老沢勝二元会長が辞任に追い込まれた不祥事の連続では、視聴者からの電話が1万件強だったといわれる。すでに、視聴者から声はこのときの3倍となっていた。04年7月に「紅白歌合戦」プロデューサーの制作費流用が発覚してから、カラ出張、経費の水増し請求など金銭スキャンダルが相次いで明らかになり、視聴者の反響は批判一色だった。今回は歴史認識などの問題が含まれるためか、肯定的意見が2割近く含まれているのが特徴となっている。

ただ、肯定的意見の比率は徐々に下がっており、批判色が強まっていった。

視聴者からの電話の件数には波がある。テレビのニュース番組やワイドショーに籾井会長の発言が取り上げられると、視聴者の苦情は跳ね上がる。籾井会長が就任した1月25日の午前中に開いた臨時役員会で、理事10人に対し日付の入らない辞表の提出を求めたことが2月25日の衆院総務委員会で取り上げたられた。

理事1人ひとりに辞表提出の有無を尋ね、「辞任の日付を空欄のまま署名捺印し提出いたしました」と述べた塚田祐之専務理事を皮切りに、「私も同様に日付のない辞任届けを提出してございます」と相次いで答える様子が、トップニュースで扱ったテレビ朝日「報道ステーション」など、この日あった民放の夜のニュース番組や、翌朝のワイドショーで放送されたときには、苦情電話が一段と増えた。

2月27日の衆院総務委員会で辞表を全理事に提出させた理由を問うた福田昭夫氏（民主）の質問に対し、「役員にはそれぐらいの覚悟でやって欲しいと思って書いてもらった」と答弁した。籾井氏は「私の意向にかかわらず、理事が思っていることを自由に言ったのは、強制していないことの証しだ」「理事をむやみやたら使って脅すようなことは一切致しません」と述べた。

籾井氏を会長に選んだ経営委員からも厳しい認識が示された。2月12日の経営委員会後のブリーフィングで、浜田健一郎委員長は「容易ならざる事態」と表現した。上村達男委員長代行は「思想信条の自由はあるが、少数意見への思いやりや敬意がない」と冷ややかだった。

後日、新聞で報道され明るみに出るのだが、2月12日の経営委で籾井会長は失言をしていた。舌禍事件を引き起こした就任会見が半月余りの出来事である。就任会見での発言について「大変な失言をしたのでしょうか」と開き直りとも受け取れる発言をしたのだった。美馬《みま》のゆり経営委員との次のようなやり取りで飛び出した言葉だった。

籾井　まずこういう事態になったことについては、私自身、公式の記者会見で私的意見を述べたことについて大変申しわけなく思っています。ただ、私の発言の真意とはほど遠い報道がなされているわけです。これはぜひ理解していただきたいと思います。また、ぜひ会見の議事録を通読していただきたいと思います。（中略）クライシスマネジメントをどうするかについては、やはりこつこつと放送法にのっとり放送を続けるということではないかと思います。何回も言っているとおり、私は個人的な意見を放送に反映させる気は毛頭ありません。そういうことを続けていくことによってＮＨＫの信頼は回復できると思っています。以上です。

美馬　そうすると、例えばこれから想定される損害、例えば収入減に対して何か対策を立てる、あるいは海外のメディアでも今いろいろ問題になっていますが、そこへの信頼回復に向けて特段何か実行するわけではなく、粛々と番組を作り放送していくということでよろしいでしょうか。
籾井　よろしいと思います。それから、ぜひこの前の記者会見のテキストを全部見ていただきたい。
美馬　もう十分読みました。
籾井　それでもなおかつ私は大変な失言をしたのでしょうか。
美馬　その場での発言がどうだったかということを言っているのではなく、その後発生した今起きている事態に対して、組織としてどのように対応していくのかについてお尋ねしたのです。私は経営委員として、NHKがこれまでの信頼を回復して、ぜひとも世界に誇る公共放送機関として存続していただきたいと考えています。私もそこにかかわっていることから、組織としてどうしていくのかについてお聞きしたわけです。
籾井　今申し上げたように、われわれとしては、放送で信頼を回復していくことが、たぶん長い目で見た場合の方向だと思います。それから直近としては、営業で収入減が起こるとすればそれを回復していくということです。美馬委員から見ると原始的に思えるかもしれませんが、実際にセールスというのは営業でカバーするのが一番の方法だと思っています。対策をどうするかということについては、正直よく分かりません。というのは、就任記者会見を就任したその日に行うということは、今後は避けたいと思います。なぜならば、記者会見のルールも知らないときに会見を行ったわけです。別に私が言ったことを弁解しているわけではありませんが、そういうことも含めてやり方についてはもう少し検討させていただきたいと思います。

このやり取りを目にしていたある経営委員は「危機的状況だと思っている。経営委員会は自分を選んだのに守ってくれないのか、と思っているのだろうか。会長は経営委員会に監視されるという立場がわかっていない。籾井会長は何をするかわからない。自分の色を短兵急に出そうとしている」と不信感に満ちた口ぶりだった。

ある理事は「就任会見での発言は記者がしつこく聞いたからで、自分は悪くないと思っているようだ。経営委での発言は、反省していない、と受け止められても仕方がない。これから受信料不払いのリスクコントロールをどうするか」と疲れた声で話した。

結局、2月25日の経営委で、浜田委員長は「大変な失言をしたのでしょうか」と述べた籾井会長に、「就任会見以降、事態収拾にあたっている状況で再度誤解を招く発言をされたことは、ご自身の置かれた立場に対する理解が不十分といわざるをえません」と、公共放送トップとしての立場を軽んじたとして就任会見発言に対する注意(1月28日)に続き、2度目の注意をした。

理事に辞表要求、インタビューに難色示したケネディ米大使

籾井氏は1月25日、会長に就任した直後に、10人の理事全員に日付のない辞表の提出を求めた。この辞表提出が国会で取り上げられることになる。

理事の辞表提出についての質問の通告があった委員会前の舞台裏では別の動きがあった。あるNHK役員によると、委員会前にあった2月25日早朝の役員の打ち合わせで、板野裕爾理事が「意思統一しよう」と提案した。しかし、「国会では本当のことを言うべきだ」「ウソはつけない」との意見が相次いだ。このため統一はせず、理事がそれぞれの判断で答弁することになった。結局、2月12日に就任したばかりで辞表提出を求められなかった堂元光副会長を除き、板野理事を含めた理事全員の10人が辞任届の提出を認めた。

ある役員は「板野理事は福地茂雄会長が選ばれたときには福島放送局長だったのに会いに行き、松本正之会長が選ばれたときも経営委員会事務局長でありながら『NHKのここが問題』といったリポートをJR東海に持って行った人物。数土文夫経営委員長の後押しで理事に昇格したが、松本会長の不興を買って理事を外されそうになっていた。辞表提出を表に出さないよう意思統一したかったのだろうが、他の理事から信用されていないので、提案がまとまるわけがない。籾井会長も辞表提出が明らかになることを阻むのをあきらめたのでは」と語った。

これだけ批判の集中砲火を浴びても、籾井会長はひるまない。2月27日の衆院総務委員会で

は、福田昭夫氏（民主）の質問に対し、「私の考えを取り消したわけではございません。私が申し上げたことは取り消したわけでございます」と答えた。個人的な見解を公的な記者会見で披露したのがよくなかった、という立場を貫いた。ＮＨＫ局内では、籾井会長は「広報局の仕切りが良くなかった」と不適切発言の責任を、自分ではなく周辺に転嫁するような発言をしたといわれる。

しかし、あるＮＨＫ幹部は「会長には就任会見の前に、訴訟になった『ＥＴＶ２００１』や『ジャパンデビュー』について説明していた」と語る。ＮＨＫとして慎重に扱わなければいけない歴史認識にかかわる番組について注意喚起していたのだ。しかし実際には、公共放送の立場から離れて持論をとうとうと語り批判を集めた。にもかかわらず、「記者会見に慣れていなかったので」と言い逃れようとする姿勢に、局内から不信感が募った。

籾井会長は広報局への不信を抱いた態度を反映させ、就任会見のあとから報道局の政治部官邸サブキャップが広報局の仕事をするようになった。人事異動ではなく、長期プロジェクトの際にＮＨＫで使われる「業務指定」という手続きで、官邸サブキャップは取材現場から離れ、湧川高史経営企画局副部長とともに、国会に参考人として出席した籾井会長の周辺で答弁を支援した。

連日のように国会に呼ばれ、２０１４年度ＮＨＫ予算の審議を控えた多忙な時期の3月10日、籾井会長は、側近の立場である大槻悟秘書室長を人事局主幹に異動させた。3月17日付の発令で、後任には国会で籾井会長に答弁資料やメモを渡してきた湧川副部長が就いた。２階級特進と呼ばれる一方で、「正義感が強い」と周囲から見られていた秘書室長は更迭と見られた。大槻室長は「会長としてやってはいけないこと」をはっきりと直言した結果、籾井会長と衝突したといわれる。湧川副部長の後任は発令されず、答弁資料渡しは湧川氏が続けた。この人事が発表されると、局内で声があがった。「これから好きなようにすると会長が宣言したようなものだ」「骨のある大槻室長は会長に相当反発していたんだと思う」

３月14日の参院総務委員会で、元総務相の片山虎之助議員（維新）は籾井会長を前に苦言を呈した。「あなたのせいでＮＨＫのイメージが悪くなる。国民の信頼は離れていく。公共放送はあなた１人のものじゃないのよ。国民全体のものなんですよ。あなたの態度や姿勢や物の考え方がダメだと言っているんですよ」

関連団体の不祥事が相次いで明らかになったあと、４月１日には籾井会長名でＮＨＫと関連団体の全役職員に「発覚していない不祥事」を、調査委員会に情報提供するよう社内のポータルサイトで呼びかけたことも報道され、「密告を奨励する秘密警察みたいな手法だ」と反発を受けた。

官邸サブキャップの広報局への業務移管、唐突な秘書室長の交代。局内の疑心暗鬼が広がった。ある役員は「異例なことばかり。いまは何でもありだよ」と疲れた表情で語った。公表されていない籾井会長の言動や指示が、次々と記事になった。ＮＨＫ役員から伝えられていた携帯電話にかけると、「この電話はＮＨＫの業務用。これからは私用の携帯電話にかけてくれ。内部調査で業務用携帯電話の通話記録を提出されかねないから」と言われた。

問題発言は連日の国会招致だけに収まらなかった。3月上旬に「クローズアップ現代」に出演することが固まっていたケネディ駐日米国大使のインタビューが2月上旬、大使館側から難色を示されたのだった。理由は「籾井会長や百田尚樹経営委員らの発言が原因」とされた。就任会見での籾井会長の慰安婦問題についての発言に加え、東京都知事選の応援演説で百田委員が2月3日に「南京大虐殺が出て来たのはアメリカ軍が自分たちの罪を相殺するため」と主張したことを問題視した、と見られた。

ある理事は「籾井会長と百田経営委員らの発言を問題視したのが理由だが、根っこには安倍首相の靖国神社参拝問題への反発もあるのではないか」と述べた。別の役員は言った。「米国にとってケネディ大使はブランド。イメージダウンしているＮＨＫのインタビューを受けてブランドを傷つけたくない、ということだった」

取材部門である報道局の幹部は「ケネディ大使のインタビューはキャンセルではなく、難色を示されたのが実態だった。籾井会長は『なぜなんだ』と、ＮＨＫ役員に説明を求めていた。インタビュー問題が記事になってから約1週間後、インタビューに出る、という返事がきた。米国大使館では『クローズアップ現代』の国谷裕子《くにやひろこ》キャスターに対するリスペクトがあり出演への推進派がいたが、ワシントンの反対が強かった」と話した。

2月後半になり、当初の予定通りに出演する意向が大使館側からＮＨＫに伝えられた。3月6日、「クローズアップ現代」でケネディ大使は国谷キャスターのインタビューを受け、この日の夜に放送された。

なぜ、ケネディ大使は態度を翻したのか。あるＮＨＫ関係者は「安倍首相が任命した籾井会長のせいでケネディ大使のインタビューがキャンセルとなり、日米関係にマイナスとなれば安倍政権にとっても打撃となる。このため、官邸が米国大使館にケネディ大使がインタビューを受けるよう強く依頼したらしい」と言った。ＮＨＫのある役員も「十分に考えられる話だ」と否定しなかった。

籾井会長の問題発言をきっかけに噴き出した「公共放送と政治との距離」への疑念。安倍政権がもつＮＨＫに対する「こだわり」について、あるＮＨＫ役員は語った。「根幹は、原発やオスプレイの報道ではない。安倍首相は『ＥＴＶ２００１』問題で迷惑を受けた、と感じている。菅義偉官房長官は総務相時代の07年に提唱した受信料の20％値下げと支払い義務化をＮＨＫが拒否したことに憤りをもっている。だから、簡単にはいかない」。「ＥＴＶ２００１」の番組改変が06年に明らかになってから8年、受信料義務化が浮上した06年からは8年たつ。時間の経過は忘却に向かうのではなく、政治家の信念を潜行させこそすれ弱めることはなかった。

問題視された百田、長谷川両経営委員の発言

受信料を収納する営業現場への影響もじわりじわりと広がっていった。3月28日の参院総務委員会で、林久美子議員（民主）は「現在、受信料の契約者の88％が口座からの引き落としというふうになっているやに伺っております」と前置きしたうえで、「平成16年のチーフプロデューサーによる不祥事のときも、あのとき既に口座振替がもう80％近かったんだそうです、当時から。このときに128万件の受信料の不払が結果として発生をしまして、16年度から17年度にかけて450億円の減収になっています。（中略）今回の件で銀行へ直接行って支払をやめてくれというふうに言っていらっしゃる方は何人、何軒いらっしゃいますか」と質問した。

これに対し、籾井会長は「2月におきます口座振替中止件数は8000件でございます。昨年は5000件でございます」と認めたが、「昨年に比べて確かに増えてはおりますが、そんな巨大な数字ではないというふうに思います」と釈明した。それまでは「わからない」と答えていたのを転換させた。なお、4月3日に定例記者会見で、福井敬理事は「ここ数年、受信料の口座・クレジットによる支払いが増えており、いまは87％」と述べている。

その後、受信料支払い停止は広がりを見せなかった。5月15日の定例会見で、籾井会長は「4月の契約総数（地上波）は11万1000件増加、衛星放送契約も8万2000件増加し、堅調な年度スタートとなりました」と胸を張った。契約総数は前年4月より7000件多かっ

た。

ＮＨＫ収入の97％（２０１７年度予算）を占める受信料の不払いは、経営問題に直結する。海老沢元会長が辞任に追い込まれたのも、04年から05年にかけて起こった受信料の不払いの拡大が命取りとなったからだった。03年度に77％あった受信料の支払い率が69％に落ち込んだ。05年９月末には、一連の不祥事による不払い・保留が１２７万件に達し、05年度上半期の受信料収入が予定額より２３４億円少ない３００５億円に落ち込んだ。

その後、「信頼回復」を旗印に、意欲的な番組を作り、全職員が受信料収納に携わり、企業風土の改革に取り組んだ。その結果、不払いを減らしていった。12年度が73％に戻り、14年度予算では75％を見込んでいた。これでも、海老沢会長時代の不祥事以前の数字には戻っていない。籾井会長の問題発言で、再び悪夢が始まるのかと懸念されていた。

籾井氏は就任会見での発言を国会で陳謝した。理由は、記者会見という公的な場で、個人的な見解を述べたことについてだった。その結果、慰安婦問題、特定秘密保護法、靖国参拝、番組編集権、国際放送の５項目について取り消した。しかし、発言した内容が誤りだった、と認めたわけではないという姿勢で一貫している。３月25日の衆院総務委員会でも、奥野総一郎氏（民主）の「見解は取り消していないのか」という質問に対し、籾井氏は「発言は取り消しました。中身については変えておりません」と答えた。理事10人から取った辞表についても籾井氏は国会で「人事権を乱用しない」と表明しながら、辞表を返すことは拒み続けた。言い換えれば、理事が任期を迎えたときや職員の定期異動などで自らの意向を反映させた人事を行うのであれば何ら問題はない、という意思表示のように聞こえた。

会長としてやりたいことを問われ、籾井氏は「風土の改革」と「国際放送の強化」をあげていた。

ところが、国際放送の「NHKワールドTV」の受信可能世帯数について、2月20日の衆院予算委で「2万7000世帯」と答えた。正しくは2億7000万世帯。ケタを4つ小さく間違え、東京都千代田区の世帯数にも満たない誤った数を、全国にテレビ中継で伝えてしまった。優先課題の事業の基本的なデータさえ頭に入っていない不勉強ぶりを露呈した。

NHKの看板番組である朝の連続テレビ小説で、13年秋から半年間放送され人気を呼んだ「ごちそうさん」についても、記者会見では「ごちそうさま」といつも言い間違えていた。商社の幹部が主力商品の名前を誤って外部に説明するのは、ふつう考えられない。そうした異常な事態が公共放送で続いていた。

会長就任から1年余りたった15年3月5日の衆院総務委員会では、受信料支払いの義務化や罰則規定を問う高井崇志議員（維新）に、こう答えた。「もし義務化ができれば、本当にこれはすばらしいことだと思います。もちろん料金を安くすることも可能になりましょう（中略）。義務化で罰則を設けると言っても、やはり視聴者の皆さんの気持ちを余り逆なでしてもいけないし、それからいろいろな関係筋ともいろいろな打ち合わせとか協力とかをしてもらわなければなりませんので、目標としては、それは非常に我々も望むところですが、それについてはもうちょっと時間がかかるのではないかというふうに思っています」。高井議員からは「歴代会長とはちょっと違う御答弁をいただきました」と評された。

「暴走」は結局、退任するまで変わらなかった。会長として最後の記者会見となった17年1月19日には、「受信料値下げ見送り」の質問に「お金が余ったら返すのが我々の原則。放送センター建設の積立に毎年200～250億円は必要なくなり、キャッシュフローとして余る、還元するのが自然」などと述べたあと、「石炭価格もひと頃より上がっている。鉄鉱石も下げ止まっている」とトンチンカンな返事が続いた。「職員の不祥事」については「不祥事が起こるのは何かおかしいということです。社内の制度の不備が犯罪の歴史になってしまっている」と答えた。「政治からの圧力の有無」を聞かれると、「安倍総理とかから、放送についてああしろこうしろという指示はなかった。NHKは政府の言いなりに動いているということは今までなかったし、これからもそういうことは決してないと思います」。どこまでが本心で、どこからが建前なのかが判然としない回答で、そばにいた広報局長があぜんとしていた。体調が悪く熱があったらしいが、会見後に社内の診療所にてインフルエンザと判明した。

14年2月と3月には20回以上、籾井氏は参考人として国会に呼ばれ、日常業務にはあまり手をつけられなかった。国会質疑に備えたQ＆Aの打ち合わせや会議の合間に、周囲に自らの意見を話すことがあった。ＮＨＫ幹部によると、「原発問題についてはきちっとスタンスを決めないといけない。そのために議論が必要だ」「重要な問題は、俺に諮ってもらわないと困る」。

問題発言は籾井会長だけではなかった。13年11月に経営委員に任命された百田尚樹氏が14年2月3日、東京都知事選に立候補した元航空幕僚長の田母神俊雄《たもがみとしお》候補の応援演説をしたときの内容がやり玉に挙げられ飛び火した。百田氏は、米軍による原爆投下や東京大空襲を批判し、「東京裁判は大虐殺をごまかすための裁判だった」と持論を主張した。「蒋介石が日本が南京大虐殺をしたとやたら宣伝したが、世界の国は無視した。なぜか。そんなことはなかったからです」と、自身の歴史観を展開した。さらに、対立候補を「人間のくず」と切り捨てた。

また2月5日には、13年12月に経営委員となった長谷川三千子氏が、朝日新聞東京本社で拳銃自殺した新右翼活動家の野村秋介氏を称賛する追悼文を同年10月、文集に寄稿していたことが明らかになった。長谷川氏は追悼文で「野村秋介は神にその死をささげたのである」「彼がそこに呼び出したのは、日本の神々の遠い子孫であられると同時に、自らも現御神であられる天皇陛下であつた」と記した。

百田氏も長谷川氏も、安倍首相が昨年秋にあった自民党総裁選の際、「安倍晋三総理大臣を求める民間人有志による緊急声明」の発起人となっていた。

ＮＨＫ経営委員会は２人の言動に対する批判を受け、14年２月12日、経営委員について「一定の節度をもって行動していく」という見解をまとめた。この日の経営委で、百田氏は「『くず』と呼んだのはほめられたものではない」と釈明したが、それ以外については「個人的心情による発言は問題ない」と非を認めなかった。長谷川氏は「常に根本からものを考え、是々非々の判断をするとき反対意見に耳を傾けるのを、研究、執筆の基本姿勢としている。常識として疑う目が公共放送に役立つと信じている」と自分の立場を説明した。

しかし、百田氏は訪問先のイランで2月24日、また米国批判を展開した。イラン国営放送の国際放送ラジオによると、百田氏は広島と長崎の原爆投下について触れ、「私はあるときアメリカのやったことを強く非難したが、彼らはこの私の言葉に不快感を示し、私を普通ではないといったが、私は、普通ではないのはアメリカ人のほうだと思う」と述べた。反米で知られるイランでのこの発言について、吉川沙織議員（民主）は3月14日の参院総務委員会でその妥当性を質した。浜田健一郎経営委員長は「一定の節度を意識していると思っている。近く本人に会って、意見交換したい」と、ことさらに問題視しない姿勢を示した。

これだけ失態を続ける会長を、経営委はなぜ解任しなかったのか、という疑問があっても不思議ではない。あるNHK役員は「民主党政権からの要請で日本航空会長になった稲盛和夫・京セラ名誉会長は民主党幹部と親しかった。これに対し、自民党は全日空と距離が近くなった。浜田経営委員長は全日空の元常務。出身母体と自民党の関係を考えれば、自民党の考えに反対しづらいだろう」と語った。

経営委員はかつて、全国の視聴者を代表する形で、それぞれの地方や職域を代表する人物が選ばれる、権威をそなえた存在だった。実態としては総務省が中心となって人選を進め、政府が国会に提案し、衆参両院の同意を得るという手続きを踏んできた。

会長の任命権をもつ経営委員会は以前、いまのようにNHKに常勤する委員はおらず、月2回の委員会に他の仕事をもつ12人の委員が集うものの、存在感は希薄だった。たとえていえば、政治からの中立性をうたって任命された教育委員が毎月開かれる会合に参加するのみで、形骸化の指摘が根強い教育委員会と似ていた。本来もつ権限は大きいものの、巨大な公共放送を把握できていない「お飾り」に近いのが経営委員会だった。大学教授や企業経営者、新聞社OB、官僚OBらが指定席を占めていた。

相次ぐ不祥事でNHKのガバナンスへの批判が高まり、08年4月から施行された放送法改正で経営委員会の権限が強化され、経営委員の1人は常勤させることが決まり、監督機能を高めた。その後はたしかに経営委員会の発言力が強まり、最高意思決定機関としての意識も高まってはいる。

良くも悪くも、異色の経営委員の先駆けといえるのは、民主党政権時代の2010年5月に就任した漫画家の倉田真由美氏だった。経営委員の人事案が国会に示された際、倉田氏は「経営委員会なんて存在することも知らなかった」と仰天のコメントをして、NHK職員をあぜんとさせた。「視聴者の目線に近い」という評価があるかもしれないが、従来の選考基準を無視した毛色の変わったこの人事の延長線上に、百田氏や長谷川氏の経営委員が誕生したように映る。いわば何でもあり、となってしまったのだ。

ところが、百田氏と、13年12月に経営委員となった埼玉大名誉教授の長谷川三千子氏の場合はともに、12年秋の自民党総裁選前に出された「安倍晋三総理大臣を求める民間人有志による緊急声明」の発起人という政治色の強い人選だった。放送法4条で「政治的に公平であること」を国内番組の放送番組の編集で求められる放送局の経営委員の顔ぶれとしては、これまた異例だった。

「一線を越えた」ともいえる現実が、NHKをめぐって目の前に繰り広げられるようになったのはこの5年ほどのことだ。いずれも、12年12月に政権へ5年ぶりに返り咲いた第2次安倍政権のもとで起こっている。約30年にわたりNHKを取材し、間近にウォッチしてきた私の目から見れば、百田経営委員（15年2月に任期満了で退任）と籾井会長がいた3年余は、NHKにとって異様な期間だった、と言っていい。

国会で連日追及された失言問題とは別に、NHKの関連会社で不祥事が相次いで明るみに出た。3月5日に子会社で台本の印刷などをするNHKビジネスクリエイトの営業部長が1億4000万円の売上げを水増しする不正経理で懲戒免職になっていた、と報じられた。翌6日には、やはり子会社のＮＨＫ出版の放送・学芸図書編集部の編集長が親族２人に架空の発注をするなどして１３５０万円を不正流用したとして懲戒解雇された事実が公表された。

３月６日には午後３時から籾井会長の定例記者会見が行われることになっていた。ＮＨＫ出版の不祥事の記者会見は午後１時半から開かれた。ＮＨＫ内部でも「同じ日にぶつけた」という見方が出た。ＮＨＫとＮＨＫ出版のそれぞれの幹部によると、会長が定例会見で「不祥事を隠していた」と言われるのを避けるために、ＮＨＫ出版の発表を前に持ってきた。ＮＨＫ出版の不祥事の内部通報があったのは13年12月、調査の概要がまとまってきたのが14年３月初めだったという。

高市総務相の「停波発言」と自民党の聴取に反発しない会長

大臣就任から１年余りたった16年２月８日の衆院予算委員会で、高市早苗総務相が政治的に公平性を欠く放送を繰り返した場合、電波停止を命じる可能性について言及し、波紋を呼んだ。高市総務相は「放送事業者が放送法に違反した場合、放送法に基づく業務停止命令や、電波法に基づく運用停止命令を行うことができると法律に規定されている」と記者会見で述べた。２月29日の衆院予算委員会では「放送事業者が番組準則に違反した場合には、総務大臣は、業務停止命令または電波法第76条に基づく運用停止命令を行うことができるということ、これは民主党の平岡（秀夫）副大臣の答弁をそのまま申し上げました」と答弁したが、野党などからの反発は強かった。

3月3日の定例記者会見で、高市総務相の停波発言についての所感を求められた籾井会長は「放送法に書かれている公平公正、不偏不党の姿勢は今後も変わらない」と原則論に終始した。

14年2月までNHK経営委員長代行を務めた上村達男・早稲田大教授は3月4日にあった市民団体が主催する集会で、「放送法は放送の業務、電波法は電波の業務に関する法律だ。こうした業務には総務相が介入しないのが前提となっている。政治的公平で停波するというのは、裁量行政の最たるもの。電波の停止は放送の全面否定であり、自律的なガバナンスの失敗を認める事態だ。放送法と、より上位にある憲法にそれぞれ違反する発言だ」と痛烈に指摘した。「政府が右というものを左といえない」などと就任会見で発言した籾井会長については、「記者会見での発言は撤回したが、個人的信条は撤回しない、と言っている。個人的信条が放送法違反の内容というのは、会長の資格要件以前の問題」と批判した。

4月17日にはNHKはテレビ朝日とともに、自民党の情報通信戦略調査会（会長・川崎二郎元厚生労働相）から呼ばれ、問題となっている番組の内容について聴取された。NHKの場合、債務記録の照会を困難にするため多重債務者に出家をあっせんして融資などをだまし取るブローカーを取り上げ14年5月14日に放送された「クローズアップ現代　追跡〝出家詐欺〟」のやらせ疑惑についてだった。NHK記者がブローカー役を依頼したやらせと指摘する『週刊文春』の報道で明るみになり、調査を始めたNHKが4月9日に中間報告を出していた。自民党の調査会には堂元光副会長が出席した。テレビ朝日は「報道ステーション」のコメンテーターが菅義偉官房長官を名指ししたうえで、「すごいバッシングを受けてきた」と発言したことを問題視された。

放送倫理・番組向上機構（ＢＰＯ）の放送倫理検証委員会は11月、クロ現問題についての意見書の中で、この聴取について、「政権党による圧力そのもの」と批判した。ところが、当事者であるＮＨＫの籾井会長は12月３日の定例記者会見で、**自民党の聴取は「圧力ではなかった。我々は不偏不党でやってますから、自民党だろうが野党だろうが説明に来いといわれたら行く。そこでこの番組はどうだと言われたら『聞けません』と言う」**と述べた。

政治的圧力というものを感じないことを公言する公共放送のトップは、恐らく初めてではないだろうか。独立性とそのイメージを何よりも尊重するジャーナリズムの精神を籾井会長は理解していないから、得意先に頭を下げて回り、入手できない品物以外は要望にこたえるような御用聞きの感覚で政党や国会に足を運んでいたのだろう。自民党からすれば圧力をかけたつもりが、圧力と受け止められないとしたら、目的を果たせない。その意味では圧力のかけがいのないトップだったかもしれないが。

従わない専務理事を冷遇、退任する理事は異例の会長批判

また、14年４月25日に任期を迎える役員人事を控え、籾井会長は塚田祐之、吉国浩二の専務

理事2人の主要担務を外す行動に出た。就任会見での発言をめぐる国会対応の渦中にあった14年2月18日付で2人を再任したばかりだったが、4月21日、2人に個別に会い、「3期目（1期2年）だから後進に道を譲ってほしい」と求めた。しかし、2人は「国会対応など予算業務担当の継続」を理由に拒否。籾井会長も、放送法55条で「理事に適しない非行」などがなければ罷免できないため、2人の辞任をあきらめた。しかし、1年後、恭順の姿勢を示さない2人の担務を「ターゲット80統括補佐」という、収納率80％をめざすプロジェクトの新しい担当にすげかえた。ただ実態は直属の部下をもたず、報告を受けることもない担務だったという。塚田専務理事は「視聴者業務統括補佐、営業統括、新放送センター統括」から「ターゲット80統括補佐　北海道・沖縄」、吉国専務理事は「視聴者業務統括補佐、広報業務統括、関連事業統括」から「ターゲット80統括補佐　首都圏・関西」になったのだった。

4月24日を最後に退任することになった理事から、経営委員会で行われている恒例のあいさつで痛烈な籾井会長批判が飛び出した。役員による前代未聞の会長批判が公的な場で実施されたのだった。1期2年で退任する久保田啓一理事・技師長は22日の経営委で、「後任と業務の引き継ぎを行う時間も十分にない状態で退任するという異常な事態であると私は受け止めております。1月から続く異常事態はいまだに収束しておりません。職場には少しずつ不安感、不信感あるいはひそひそ話といった負の雰囲気が漂い始めています。現場は公共放送を担うことへの誇りと責任感を何とか維持しようと懸命の努力を続けていますが、限界に近づきつつあります。一刻も早い事態の収拾が必要です。公共放送への視聴者からの信頼を取り戻すためにも、一刻も早い事態の収拾が必要です。経営委員会からは、これまで、執行部が一丸となって事態の収拾に当たるように言われてきました。本日、私からは、経営委員会こそが責任をもって事態の収拾に当たってほしいと申し上げたいと思います」と訴えた。

同じく1期2年で退任する広報担当の上滝賢二理事も「今回の籾井会長の就任記者会見での発言以来、混乱の中で私の頭の中にあったのは、10年前の不祥事のような、受信料拒否問題が絶対に起きないようにする、この一点でございました。3月26日の全体会では、3万5000件を超えた視聴者の生の声について身を引き裂かれる思いで報告させていただきました。4月13日には会長が広報番組に出演し、視聴者へのおわびを述べました。この中で、『個人的な見解を放送に反映させることは断じてない。NHKが皆様に支えられてこそ成り立っていることに思いを新たにし、皆様の声を何よりも大切にしていく』と決意を述べました。経営委員の皆さまも、この放送をごらんになったと思います。このことを必ず実行して頂きたいと思います」とクギを刺した。さらに、「誠に僭越《せんえつ》ですが、会長には本部各部局や地域放送局に出向かれ、職員との対話を積み重ねて、職員たちとの心の距離を縮めて頂きたいと思います。職員のモチベーションの維持向上がなくては、公共放送はもちません。11年3月11日の東日本大震災の際、私どもはそれこそ寝食を忘れて被災者や視聴者の方々のために、放送に全力を尽くしました。そこでの公共放送人としての使命感、一体感が私ども公共放送の1つの原点となっています。それがあるからこそ、値下げ後の受信料収入も順調に回復し、放送番組も信頼されているると思います。（中略）経営委員の皆さまにおかれましては、新執行部に対する管理監督の役割と責任を十全に果たして頂きたいと思います」と呼びかけた。

2人の言葉を聞いた浜田健一郎経営委員長は「ただいま、異例の退任のご挨拶を頂いたわけですけれども、経営委員会としても重く受け止めたいと思います。一方で、我々経営委員会と執行部としては一連の混乱に早く終止符を打ち、執行部と経営委員会一体となって、NHK本来の業務を果たしていく必要があるのだと思います」、上村達男経営委員長代行は「私たち経営委員は、先ほどの経営委員会の場で封筒を切って、きょう初めて人事について知りました。今までの、事前に理事の任命の資料を受けてきたという慣例に反しています（中略）。久保田技師長と上滝理事の先ほどの声涙ともに下るご発言を非常に重く受け止めています」とそれぞれ応じた。

この頃、NHKの役員に取材すると、籾井会長への不信感がしばしば聞かれた。「会長を支えるつもりはないが、視聴者に対する責任はある。このままでは公共放送はもたない。目の前のことに対応するだけだ」と深夜に帰宅し疲れた表情でのつぶやきを耳にし、「会長についてガツンと書いてください」と〝エール〟を送られたこともあった。これまでNHK役員から「最高裁判決のように断定する記事は書いてくれるなよ」と牽制されることはあっても、会長批判を要請されたのは初めての体験だった。

好調だった営業成績、受信料値下げを提案

また、この4月の役員人事にあわせ、籾井会長は就任した1月25日に全理事から取っていた日付を抜いた辞表を返却した。5月15日の定例会見で、辞表を返した理由については「不要になったから。人事の脅しに使うといった、そういう目的ではなかった。数カ月、一緒にやってきて、予算を通していただき、持っている必要はないと。しっかりやっていただけると確信をもっている」と述べた。

新しい役員の布陣を構えた籾井会長は、国際放送の強化の方針を打ち出した。6月、籾井会長本人に「一番優先したい課題は何か」と聞いた。返ってきたのは「国際放送の量の拡大と質の向上。通信と放送の融合は時間がかかる」という言葉だった。重要課題と見えられていた同時送信については深追いせず、早く結果を出せる可能性の高い国際放送にこだわった。10月には国際放送で、新しい大型報道番組「NHK World Showcase」を始めた。

12月の定例会長会見では、「『日本のホテルで（国際放送の）ワールドTVが見られないのは変じゃないですか』と聞かれる。海外から日本に来たとき、英語で聞いて国に帰って聞いてもらう循環にもっていく必要がある。トップセールスでホテルに働きかけていきたい」と意欲を見せていた。11月の放送総局長会見で、板野裕爾専務理事・放送総局長（14年4月25日付で理事から昇格）は国際放送の4月改編を取り上げ、「月曜から金曜の夜8時から8時45分の大型

ニュース番組『ＮＥＷＳＲＯＯＭ　ＴＯＫＹＯ』などを始める。海外との時差を利用してターゲットを絞っていく」と籾井会長と歩調を合わせた。

就任から半年近くたった7月中旬、東京・渋谷のＮＨＫで開かれた外部の人間も交えたパーティーで、籾井会長がＮＨＫ役員を紹介する一幕があった。

「数少ない籾井シンパといわれる板野（裕爾）専務理事」「いちばん真面目な役員である吉国（浩二）専務理事」「いちばん寡黙な木田（幸紀）理事」「部下が営業の業績をあげてくれた福井（敬）理事」……

吉国専務理事は「何が真面目かわかりませんが」と反応して自己紹介。一方、会長側近と報じられてきた板野専務理事は、籾井会長の紹介に笑うわけにも怒るわけにもいかない何とも複雑な表情のまま、「シンパ」には触れず簡単にあいさつした。

会が始まったばかりだっただけに、籾井会長の仰天演出はアルコールのせいではない。サービス精神なのか、ボキャ貧なのか、偽悪趣味なのか。ただ、就任会見のあと国会で連日、辞任の意思はないか、と追及された頃にはなかった余裕のなせる発言だったのは間違いない。

就任してから数々の問題発言を繰り返してきたＮＨＫの籾井勝人会長の1期3年の任期は17年1月24日までだった。続投を認めるか、新しい後任を迎えるかを決める経営委員会では新しい浜田経営委員長の後任に石原進・ＪＲ九州相談役が就任し、7月26日の経営委で会長指名部会を立ち上げ、次期会長選びを始めた。籾井会長は再選にコメントすることはないが、記者会見で受信料値下げに積極的に言及するなど、2期目への意欲とも受け止められる発言を重ねた。早くも会長候補の名前が浮上するなか、いつも難航する公共放送のトップ選考が半年後のゴールに向けて動き出した。

26日の経営委では、3年前に設けられた会長選びの内規について議論することを決めた。委員会後のブリーフィングで石原氏は「年末をめどに決めたい。ルール通り、籾井会長の業績を評価し、候補者になっていいかどうかを委員の意見を集約する。12名いる委員のみなさんに候補者を考えていただいて、どこかの段階で議論の俎上に乗せる。すばらしい人を選びたい」と語った。

12年9月から経営委員長を務めてきた浜田健一郎氏の後任として16年6月28日に選ばれた石原経営委員は、10年12月に経営委員に就任し最古参だ。

就任当日の記者会見で石原氏は、委員長に自薦したことを明らかにした。もう1人の候補者がいて、石原氏ら2人が所信を表明した。

残り10人の経営委員が議論した結果、「リーダーシップのあり方は多様だが、所信表明やこれまでの経営委員会での発言等から、現在のNHKに対しては石原委員のアプローチがより相応しく、経営委員会への貢献度が高いと総合的に判断し、全員一致で石原委員を委員長に選出することに合意した」(6月28日経営委議事録)。そのうえで、候補者も含めた12人で結果を再確認し、全会一致で石原委員を経営委員会の委員長として選出した。

他薦された1人が全会一致で決まるというこれまでの委員長選出と比べれば、異例の過程といえた。

関係者によれば、もう1人の委員長候補は別の委員から推薦された委員長代行の本田勝彦・日本たばこ産業顧問だった。本田氏は15年3月から就いていた委員長代行を継続することになった。ある経営委員は「総務大臣や総務省幹部から、石原さんを委員長にするよう、委員に働きかけがあった」と言っている。

本田氏は13年11月に経営委員に就任した際は学生時代に安倍晋三首相の家庭教師をした経歴から、官邸との距離の近さを指摘する見方が強かった。しかし、実際には直言するタイプで、経営委でもその姿勢を示してきた。

例えば、理事人事の任命を同意した16年4月12日の経営委では、「いまはNHKにとり大変大事なときでありますが、この時期に、理事の4名の方が退かれますが、任期が来たから全員退任ということは、普通はあまり考えられない人事ではないかと思います。もう1点、今回再任される木田（幸紀）さんは、昨年、退任されてN響の理事長になられました。関連団体の長から1年ちょっとで返すというのは、普通は考えられない」と、籾井会長に見解を求めた。

ある経営委員によると、本田氏は「いつまでも安倍首相の家庭教師と学生時代のことを言われても困る。安倍首相の携帯電話の番号も知らないのに」と漏らしていたという。

一方、石原氏は3年前の経営委で籾井氏を会長に推薦した。このためか、会長就任後の籾井氏を厳しく追及することはなかった。同時に、浜田前委員長の後任に対する意欲を、周囲は感じていた。

当初、浜田前委員長は後任に本田氏を想定していたが、本田氏は固辞していたという。ところが、周りの説得を受け、委員長就任を引き受ける姿勢に転じたらしい。結果的に、委員長候補が一本化しない形となった。

経営委としての最大の仕事は会長選びであり、その中心となる委員長の役割は大きい。籾井会長の評価を聞かれた石原氏は「籾井さんは誤解される発言が何回かあった。注意も3回した。こういったことがないよう求めていきたい」と述べる一方で、「収支の改善はきちんとやっている。国際放送も強く進め、成果を出している」とプラス面もあげ、「籾井さんについては是々非々に考えている」と踏み込んだ見解は示さなかった。

ふつうNHK会長は現職の続投を軸に検討される。1期前も、受信料値下げという初めての難事業を手堅い経営手腕で乗り切った当時の松本正之会長に対する経営委の評価は高く、再選が有力視されていた。ところが松本氏が辞退し、混迷の末に三井物産の元副社長だった籾井氏が浮上して決まった。

籾井会長が自らの再選に動いたと見られる最初の節目は、16年4月25日付のNHK役員人事だった。籾井会長が側近といわれていた板野専務理事と井上樹彦《いのうえたつひこ》理事を再任せず、その後に関連会社社長に転出させたことだった。

関連団体などが入るビル建設のため東京都渋谷区の土地をＮＨＫとグループ会社９社が約３５０億円で購入する計画を経営委員会に諮らず進めていることを、15年12月８日の朝刊で毎日新聞がスクープした。水面下の動きを詳細につかみ、理事会が開かれる当日の朝に記事を掲載した。私はこの計画をつかんでおらず、不意打ちに遭った感じだった。この日にあった理事会で板野氏が「いまの段階では分からないことが多い」、井上氏も「再度精査して最終決定すべきと考えます」と反対に回り、亀裂が入ったのだった。経営委も「今回の不動産取得計画については、手続きの正当性や購入価格を含め取引の内容、条件の妥当性の面でまだ不明な点がある」と慎重な対応を籾井会長に求めた。

16年４月に退任が決まった当初、社員の不祥事があったＮＨＫアイテック社長と予定されていた人事に板野氏は、抵抗を示して調整した結果、16年６月、ＮＨＫエンタープライズ社長の就任に至ったという。

その籾井会長は４月に新役員の陣容になったあと、受信料値下げに再三言及していた。「お金があれば還元するのが原理原則。ＮＨＫは宿命的に値下げしないといけない。できるときにきちんとやりたい」（５月12日の記者会見）、「余裕があれば値下げしなければいけない。義務化できれば公平な受信料負担の観点ではありがたい。これができれば値下げもできる」（6月2日の記者会見）、「資金に余裕があれば、視聴者のみなさんにお返しする大原則は変わっていない。還元していくべきであり、そうしたいと思っている」（7月7日の記者会見）と、毎回漏らさず取り上げている。報道陣がしつこく聞いて答えるのではなく、籾井会長が話題を振る格好で、前のめりとも映る発言が続いた。問題発言の連発で支払い拒否の増加が懸念された受信料の収納は、口座支払いが定着し解約の手続きが面倒なせいか、抗議の電話本数に比べて影響が少なかった。その後も営業面が好調だった。とはいえ、番組制作費や人件費の削減などにつながりかねない値下げが実現すると、余波は大きい。

7月の会見で再選の意欲を問われた際は、「NHKの会長は人事について発言する場も権限もない。これから先どうなるか、コメントする立場ではない」と話すだけだった。

籾井会長の「値下げ発言」について、あるNHK関係者は「人気取りのポピュリズムだ。会長以外の執行部は困る」と言っている。松本会長時代の12年10月から初めて受信料を7％値下げした際には3年間で1000億円を超える減収となった。このため、13年4月から職員の基本給や賞与を5年間で10％削減する新たな給与制度が導入された。

さまざまな思惑が交錯するなか、籾井会長の後任候補の名前が飛び交い始めた。籾井会長の実現に動いた安倍政権としても、失言を重ねた籾井会長は不安要因だった面がある。任期途中で辞任すれば、会長の任免権をもつ経営委員会の経営委員を選んだ政府の責任を問われかねなかった。しかし、1期3年を満了すればそうした声はあがらない、と見られていた。

籾井会長のふるまいが野党からの批判を集め、国会に何度も呼ばれては釈明に追われた。NHKのOBが連名で、籾井会長罷免を求めて経営委に申し入れるという異例の事態が続いた。

しかし、受信料収入の伸びは順調で営業面の落ち込みはなかったことが籾井会長の支えとなり、再選への意欲をふくらませていったようだ。とくに16年には、リオデジャネイロ五輪のネット同時配信、パラリンピックの地上波での積極的な編成を指示。4月改編でゴールデンタイム（午後7～10時）の今年度上半期の視聴率が民放を含めてトップに立つ実績を出し、自信を見せていた。就任直後は局内から総スカンを食ったが、定期人事異動のたびに要職につけた管理職からの支持を広げていった。人事権をテコに言うことを聞く部下が増えていった。

8月末には懸案だった東京・渋谷の放送センターを、建設積立資産などを使い約1700億円で建て替える計画を発表。好調の受信料収入による「余剰金」を、月額50円の受信料値下げで来年10月から視聴者に還元する案を11月8日、経営委員会に提出した。

籾井会長は「NHKは均衡予算が原則であり、余ったから返す」と説明したが、「財務状況の良さをアピールした」と受け止められた。籾井会長は11月9日の定例記者会見で、「値下げ案は理事会の全会一致だった」と述べた。

しかし、理事会では、次世代の高精細テレビ4K、8Kに対する投資が必要なことなどから反対論があった、といわれる。ある理事は「いろいろな意見があった」と認める。理事会では審議事項について多数決を採るわけではなく、最終的に会長が決断すれば理事会としての決定となる。理事会は助言機能にすぎない、とも言われている。議事録に残すため、あえて反対論を述べるケースもある。

理事会で認められたが、その後に関門が待っていた。中期計画を伴わない唐突な値下げに、経営委は「時期尚早」「思いつきで長期的視点がない」と全員が認めず、挫折した。イチかバチかともいえる勝負に出た値下げ計画は実現しなかった。絶望的状況だった籾井再選の道が断たれるダメ押しとなった。

翌12月1日の定例記者会見で、任期満了を翌月に控えての会長として「もう少しうまくできればと思った点は」と問われ、「みなさん（報道陣）とのコミュニケーションが少なかった」。さらに「値下げと続投を一緒に考えたことは1度もない。（結びつけるのは）品が悪い」と語気を強めた。会見が終わったあと記者たちに囲まれると、「（出身地である福岡・筑豊の）川筋ものは単細胞。駆け引きはしない」と語った。退任を覚悟したような会見での口ぶりだった。

経営委員会の支持を得られなかった籾井氏、後任に上田経営委員

次期会長選びでも、様々な観測が早くも流れていた。ＮＨＫ関係者は「官邸と太いパイプをもつ板野裕爾・ＮＨＫエンタープライズ社長が、籾井会長の後任に選ばれる可能性がある」と指摘した。板野氏は16年4月に専務理事を退任するまで放送総局長であり、「クローズアップ

ＮＨＫ会長に選ばれ記者会見する上田良一氏＝ 2016 年 12 月 6 日、東京都渋谷区（提供：朝日新聞社）

現代」の国谷裕子キャスターを降板させる路線を主導した、と見られていた。

また、ある民放テレビ局の首脳は「籾井会長は人は悪くないが、国会の発言を聞いていると、無防備に会長になってしまったようだ。次期会長は放送について知識がある外部の人間がいいのではないか。ＮＨＫ出身者の起用では大胆な改革が難しい」と言っていた。

8月の時点で籾井氏のほかに会長候補として取りざたされたのは、官邸との距離が近いと見られている板野エンプラ社長と元岩手県知事の増田寛也元総務相だった。

増田氏は7月の東京都知事選で自民、公明両党の推薦で立候補したが、当選した小池百合子氏に大敗していた。複数の関係者によれば、増田氏を会長候補にあげたのは菅義偉官房長官だったという。増田会長候補説は広範囲に伝わった。あるNHK関係者は「駐日米国大使館の幹部も、増田氏が会長候補になっていることを知っていた」と話す。NHK内部では「与党が推薦し落選した人をあてるのは勘弁してもらいたい」と顔をしかめる人もいれば、「籾井会長や官邸に近い元NHK役員よりも、外から見識のある人をもってくるのは次善の策としてあり得る」と難色を示さない向きもあった。アドバルーン的に会長候補として挙がったともみられた増田氏に対しては底堅い支持があった、といわれる。問題発言を繰り返す籾井会長か、放送現場への介入をためらわなかった板野エンプラ社長かという「究極の選択」だけは避けたいという空気が局内では満ちていた。

企業経営の経験がある外部の候補が意中のはずだったものの、雑誌に名前が取りざたされる程度で、本命といえる名前はなかなか挙がってこなかった。その中で会長候補に浮上したのが、経営委員としてNHKをよく知る上田氏だった。このほか、実現すれば女性初の公共放送トップとなる元内閣府男女共同参画局長の坂東眞理子・昭和女子大学長を推そうと、経営委員に働きかける動きもあった。

また、NHK全国退職者有志の「次期会長候補推薦委員会」が12月2日、勝手連的な提案として、作家の落合恵子氏、法学者の広渡清吾・東大名誉教授、NHK放送文化研究所出身の村松泰子・東京学芸大名誉教授の3人を会長候補への推薦を発表する市民側の活動もあった。

籾井会長は自ら政界に接触して工作するようなタイプではない。あるNHK役員は「官邸は、籾井会長が1期3年もってくれればいいという考え。再任されてもニッチもサッチもいかない、と考えている。3年務めたあとは別の人をという、任期満了による退任が官邸の既定路線となっている」と指摘した。

朝日新聞が2016年12月2日、「籾井NHK会長　再任困難」というスクープ記事を掲載した。任命権をもつ経営委員会の複数の委員が籾井氏の続投に否定的で、経営委員12人中9人の同意が得られない状況と伝えた。

結局、12月6日、籾井氏の後任として次期会長に上田良一・元三菱商事副社長が選ばれた。上田氏は13年6月から常勤のNHK経営委員だった。6日の記者会見で、石原進経営委員長（JR九州相談役）は「上田さんはNHKの業務、課題に精通し、信頼される人柄だ。海外経験も豊富で、国際的センスもある」と選出理由を述べた。16年最後のNHK経営委員会が終わった12月20日には、「ベストと考える人を選べた。予想より早く決定できたのは大変良かった」と穏やかに語った。

NHKの局内も、安堵感に包まれた。トラブル続きだった籾井勝人会長が去るうえ、代わりに政権との距離を問われかねない人物が送り込まれることもなかったことに胸をなで下ろしていたのだ。民間出身とはいえ13年6月から常勤の経営委員としてNHKに関わってきた上田氏は、ＮＨＫの「外」でも「内」でもない中間的存在といえた。

上田会長選出について、ＮＨＫ幹部は「経営委員会の監査委員として上田氏の理詰めの仕事ぶりは知られていた。引き受けてもらってありがとうございます、の一言」。あるＮＨＫ職員も「失言しては国会に呼ばれる籾井会長の再選は避けたかった。とはいえ、官邸と密につながっているとされる元理事などが会長になるのは最悪と思っていたので、ひと安心」と語った。ＮＨＫ労組・日放労は8日に出した次期会長選出についての見解で、「協会が頻繁に国会に呼ばれるような状況を『正常化』することがまずは大きな課題となる」とこれまでの異常ぶりを指摘した。

経営委員会関係者によると、**委員が理由をつけて推薦した会長候補は3人。民間出身は上田氏だけといい、ＮＨＫ出身者はいなかった。**3人それぞれについて12人の経営委員が投票した結果、会長選任に必要な9人以上の票を得たのは満票の上田氏だけだった。

この投票に先立ち、**現職の籾井会長を次期会長の候補とするかどうかについて投票したところ、支持はゼロだった、といわれる。**

経営委から3度注意を受けた籾井会長の続投に賛成する雰囲気は、もともと醸し出されていなかったという。このため、石原経営委員長が6月に「籾井さんについては是々非々で考えていきたい」と発言したことに、経営委員会内部には違和感を覚える向きもあったようだ。

では、官邸の意向が上田会長誕生にどの程度かかわっていたのだろうか。籾井氏のときのような直接的な関与の証言は見当たっていない。ただ、ある経営委員は証言する。「上田さんを会長に選出する経営委員会で、石原さんにたびたび携帯電話がかかってきて、そのたびに石原さんが中座していた。重要な場で電話を受けていたことから考えると、官邸からの連絡以外は考えられない。上田さんが会長の有力候補と報道されたのも、官邸からのリークだろう」

橋本会長時代に受信料支払い拒否の運動を展開した醍醐聰・東大名誉教授ら「ＮＨＫを監視・激励する視聴者コミュニティ」（「ＮＨＫ受信料支払い停止運動の会」の後身）は籾井会長について「政府が右というとき、左というわけにはいかない」などと発言したことを問題視し、籾井会長と百田尚樹、長谷川三千子両経営委員の辞任を求める署名活動とともに、「受信料凍結運動」を14年4月から始めた。３人の辞任は実現できなかったが、籾井会長が再任されないことが決まった16年12月、「所期の目的は達成された」として、受信料凍結の解除と支払い再開を呼びかけた。

上田会長については、経営委員時代の16年5月に北海道函館市であった「視聴者と語る会」で、受信料支払い義務化について「『支払いの義務を負わせて、支払わない人に対して罰則を設ける』ということであり、国の力で受信料を徴収するということになりますので、国の影響が及んでくるという懸念があります」と発言したり、「放送、ジャーナリズムが国家権力に追随するような形というのは、必ずしも望ましい形ではありません」と述べたことに注目、是々非々の立場で新執行部と向き合う方針も表明した。

最終的に決め手となったのは上田氏の手腕だった。経営委員として53あるＮＨＫの放送局をすべて回った仕事に対する姿勢だった。次期会長に選出した石原経営委員長は12月6日の記者会見で、「経営委員としてＮＨＫの業務に精通しているうえ、人格、海外経験、リーダーシップなどの点で望ましい」と述べた。ＮＨＫ出身者を推薦しなかった理由を問われると、「正直言って、会長に適切な方が思い浮かばなかった」。

経営委員会が決めるとはいえ、その意向を無視できない官邸も上田氏選出で動いていた、と受け止められている。

執行部を監督する立場の経営委員だった上田氏を次期会長に選んだことで馴れ合いにならないのかという懸念について、石原経営委員長は「上田さんは与えられた職務に関して全力でまっとうする人。立場が違えば、また違った仕事をするので問題ないと思う」と否定。立場が変わることについて、上田氏は「来年1月24日までは経営委員として監督し、25日に正式に就任すれば頭を切り替えて会長の立場で職務をしっかり果たしたい」と述べた。

ＮＨＫ幹部は「上田氏は局内の監査の際、不明の点については『どうなっているんですか』と必ず質問していた。三菱商事時代は財務畑出身だったが、米国や本社で投資についての決断する立場にあり、数字合わせをするだけの経理マンではない。監査委員をやめれば民間企業は放っておかない人材だ。すぐに5、6社の非常勤取締役に就任し年収1億円を超えるだろう。

それだけに、年収３０００万円余りで年中追いかけ回され、国会にも呼ばれるＮＨＫ会長をよく引き受けてくれたと思う」と話している。

一方、ある元経営委員は上田氏が監査委員として対処した、籾井会長のゴルフ用ハイヤー代をＮＨＫが一時立て替えた問題で秘書室に責任の大半を負わせた結論に納得できないでいる。「上田氏はＮＨＫ役員室でいつも昼食を取っていた。このため籾井会長との距離が近くなっていたからではないか」という疑念が消えないからだ。

これに対し、ある元ＮＨＫ役員は「昼食の際、上田氏は籾井会長と離れた席にいつも座るようにしていた」と話し、密着はなかったのではと見ている。

監査委員として国会答弁に立つことが多かった上田氏は、籾井会長とちがい慎重に言葉を選び石橋をたたいて渡っているように映っていた。ところが、12月６日、会長に選出されたあとの記者会見では「番組を担当する人が出す知恵を大切にしたい」と述べつつ、「グイグイ引っ張っていく局面では、先に進んで道を切り開いていければいい」と積極性を打ち出した。

ＮＨＫは12月13日、２０１９年からインターネットでテレビ番組を同時配信する方針を打ち出した。受信契約世帯以外からは料金支払いを求める意向だが、受信料制度のあり方を含め大きな転換期を迎えているのは間違いない。16年は熊本地震やリオデジャネイロ五輪の報道でＮＨＫはよく視聴され、朝の連続テレビ小説もヒットを続けている。ただ、ここ数年、テレビ視聴の減少傾向が指摘され、とりわけ若者のＮＨＫ離れは著しい。米鉄鋼会社の化学部門の買収をめぐり米ＧＥのジャック・ウェルチ氏と対峙したというタフネゴシエーターは、「民業圧迫」をたてに牽制する民放にとっては手強い相手になる可能性があるように見える。籾井会長の前の会長だったＪＲ東海出身の松本正之氏に似た実務派タイプのトップになる予感がした。トップダウン型の籾井会長と違い、ボトムアップ型になっている。

上田会長が最初に着手したネットの常時同時配信をめぐる議論

上田会長が就任して最初に着手したのは「常時同時配信」問題だった。地上波テレビ（総合テレビと教育テレビ）で放送する番組を、インターネットでも24時間、同時に配信するサービスに乗り出すべきかどうか。

実は松本会長時代の11年7月、「ＮＨＫ受信料制度等専門調査会」（座長・安藤英義専修大教授）がデジタル時代の受信料制度とその運用について報告書をまとめている。中長期的な課題としてインターネットへの取り組みをテーマに検討し、「ＮＨＫはインターネットにおいても『伝統的な放送』において果たしてきた役割・機能を提供しうる。業務の位置付け（準公共性／コア的公共性）に対応した負担のあり方とすることが望ましい」との内容を答申していた。松本会長自身は、同時配信について「通信と放送の融合について道筋を見つけていくことが課題だと思う」「同時再送信は受信料や著作権処理の問題がある。一体的に解決される必要がある」と発言していた。ただ、当時は受信料値下げによる減収対策が喫緊の課題だった。

松本会長に「同時送信について、なぜ踏み込まなかったのか」と聞いたことがある。これに対して、「経営はあれもこれもではなく、最も重要なことに力を集中させなければいけない。受信料値下げへの対応が最優先課題だったからだ」という返事だった。研ぎ澄まされた経営哲学の一端を垣間見せた。

ネットの普及でスマートフォンやパソコンでいつでも視聴できるようにするには、いまの法律ではできない。85年から5年に1度実施してきた「日本人とテレビ」調査で、テレビ視聴時間が2015年に初めて短時間化の傾向に転じたことが明らかになったように、ネットに進出しないと視聴機会の縮小は避けられない。しかし、実施するとなると放送法の改正が必要となる大仕事となるため、常時同時配信は重要な課題ではあるものの、いつどのように取り組むのかについて、NHKは結論を出せないでいた。

テレビでの防災情報やラジオでの「らじる★らじる」など個別に認可されていたインターネット事業の柔軟な運用を求めていたNHKは、14年6月の放送法改正によって提供できるコンテンツが拡大され、「インターネット実施基準」を定めたうえで、「受信料収入の3%を超えない規模」の費用での業務が認められた。14年度の上限費用は190億円だった。籾井会長も11月の定例記者会見で、「ネットと放送の融合は避けて通れない。日本の外に出てみると、進んでいる。日本の事情でやらないかというと、そういうふうにはいかない。民放とは協力できる分野は協力して、突っ走っていくつもりはない」と述べていた。

15年4月からは、受信料を財源とするサービスとして、スマホ向けアプリを含めた「ニュース・災害情報の発信強化」や教育分野のポータルサイト「NHK　for　School」の充実、NHKでの放送を対象としているイベントのストリーミング提供のほか、スポーツ中継や総合テレビ番組を配信する大規模実験も本格的に実施されることになった。

16年12月13日、総務省の「放送に関する諸課題を巡る検討会」で、今井純専務理事は「常時同時配信を実際に視聴しうる環境を作った人に負担をお願いするのが適当。ただし、パソコンやスマートフォンなどのネット接続機器を持っているだけで負担をお願いする考えはない。テレビを持ちすでに受信契約を結んでいる世帯には追加負担なしで常時同時配信を利用していただく」という方向性を表明、２０２０年の東京五輪を見据え、前年の19年での本格的な開始を見込んではいた。実施に向けての課題や問題点を洗い出し、正式の結論を出すことを上田会長は決意した。

上田会長は就任してから1カ月後に、会計学や憲法、経済学、民法、行政法と5人の大学教授を集めた「NHK受信料制度等検討委員会」（座長・安藤英義専修大教授）を設け、2月27日に諮問した。その答申がまとまったのが5カ月後の7月25日だった。

ネットの常時同時接続の環境を整えるには、人気番組にアクセスしても配信がダウンしないようにサーバーを全国に用意しなければならず、多額の費用がかかる。17年9月20日にあった総務省の「放送を巡る諸課題に関する検討会（第17回）」で、坂本忠宣専務理事は「初期投資に50億円前後、年間のコストで著作権処理を除き50億円前後と見ている」と明らかにした。

　この費用をどこから捻出するかが、検討課題の1つだった。検討委員会では、まずテレビの受信契約を結んでいる世帯には、常時同時配信を追加負担なしで利用できるようにすることを確認した。同じ世帯にある2台目、3台目のテレビに受信料がかからないのと同じ扱いにした。そこで負担を求めるのは、テレビ受信機を持たない世帯（総世帯の約5％）が、常時同時配信を利用する時を想定した。その場合、①ＮＨＫの事業の維持運営のための特殊な負担金という従来の考えの「受信料型」②利用・サービスの対価という「有料対価型」の2つの考え方を提示。そのうえで、ＮＨＫが放送の世界で果たしている公共性を、ネットを通じても発揮するためのサービスと考えられ、インフラ整備や国民的な合意形成が整うことを前提に、受信料型をめざすことに一定の合理性がある、と認めた。

　ただ、受信料型に多くの論点があり視聴者の理解を得るのに時間がかかることも予想されることから、有料対価型や一定の期間は負担を求めないことという暫定措置の検討も必要という考えも示した。また、その金額については、「特殊な負担金としての受信料の性格から、なるべく放送のそれとの差をつけないことが望ましい」と、テレビ受信料と同レベルという水準を提示した。地域における民放との二元体制を維持する観点から「民放への配慮も十分考慮しつつ進めていくことが望ましい」とも触れた。

　13年に放送負担金制度を導入したドイツは受信設備の有無にかかわらず、全世帯、全事業所から常時同時配信を含む放送の費用負担を求めている。イタリアや韓国は無料で常時同時配信を利用できるが、受信料を両国では電力会社が電力料金と一括収納し、受信料の支払い率が100％に近いという事情がある。常時同時配信のみを利用する場合、英国では受信許可料の対象となっているが、フランスでは事実上収納は行われていないなど、国によって枠組みは様々だが、海外の主要な公共放送の常時同時配信では有料対価型を取っていない。

坂本忠宣ＮＨＫ専務理事が17年7月4日にあった総務省「放送を巡る諸課題に関する検討会」（座長・多賀谷一照独協大教授）で、常時同時配信について「将来的に本格業務としたい」と述べたうえで、テレビを持たない世帯からも利用料を集める考えを示した。これに対し、民放側からは「配信の公共的役割について国民が納得しないことには受信料と位置付けるのは難しい」「放送とネット配信との時間差や画質の違いを考えても、本来業務とするのは無理がある」と反発する声が相次いだ。

「コンセンサス経営」をモットーとする上田会長は7月6日の定例記者会見で、「本来業務という言葉が若干、独り歩きしている。放送が幹、ネットが放送の補完というのは変わりない。常時同時配信について受信料型をめざすのは一定の合理性がある、という検討委員会の答申案を踏まえたうえでの坂本の発言だった」と火消しに躍起だ。「本来業務というのは一般の方に誤解を与えかねない」としながらも、上田会長は「ＮＨＫとしてゆくゆくは関わらないといけない本来的業務になり得る」とも述べて理解を得ようとしている。

16年11～12月にＮＨＫが実施した同時配信の実証実験で、参加者９５００人のうち５０００人を分析したところ、利用率が６％だったことなどから、高市早苗総務相は17年７月７日の記者会見で「市場ニーズを裏付ける結果とは言いがたい」と疑問視した。７月24日には、「補完的な位置付け」とする同時配信を認める条件として、高市総務相は①需要を具体的に示すこと②従来の業務全体についても公共放送として適当かを見直すこと③子会社のあり方をゼロベースで見直し、一般競争入札などによる子会社への業務委託の透明化、を上田会長に伝えたという。

17年８月の内閣改造で後任となった野田聖子総務相も「受信料を払っている人たちが満足しているのか、不祥事が相次ぐ子会社のガバナンス（企業統治）は大丈夫か、などの問題がはじめにある。その先の問題だ」（読売新聞、２０１７年８月22日付）と、常時同時配信に慎重な姿勢を示した。野田総務相は「（高市氏が示した）条件は非常に理にかなっている。尊重していきたい」とも述べた。

９月20日に開かれた総務省の第17回「放送を巡る諸課題に関する検討会」で、ＮＨＫの坂本専務理事は「常時配信は放送の補完と位置付け、受信契約を結んでいる世帯では19年度から追加負担なく利用できるようにする」とだけ述べた。ＮＨＫ受信料制度等検討委員会が答申した、受信契約を結んでいない世帯からの負担には触れず、「ネット配信の課金」は民放の強い反対を前にいったんは先送りされることになった。

放送を巡る諸課題に関する検討会は18年7月13日に公表した第2次取りまとめで、NHKが「常時同時配信を実施することについては、国民・視聴者の理解が得られることを前提に、一定の合理性、妥当性があると認められる」と結論づけた。ただしNHKや関連団体多くの不祥事が引き続き発生していること、受信料水準・体系のあり方の継続的な見直しが求められるとして、「経営委員会の事後チェックのあり方」「関連事業での透明性の確保」「受信料の視聴者への還元」についての検討をNHKに求める、条件つきの賛成といった色彩が強かった。第2次取りまとめでは、常時同時配信について「サービスやインフラなどの面において、他事業者と出来る限りの連携・協力を行う」ことを求め、事実上、NHKと民放が共通の配信プラットフォームを設けるよう提言した。NHKの常時同時配信への反対論が根強かった民放連は7月13日にあった検討会で、「『ただし』という形でさまざまな条件を付けて、われわれが要望してきたことの具体化、実行がその前提であるとの考えを打ち出したことを評価したい」（永原伸専務理事）と発言し、軟化する姿勢を示した。

18年11月30日に開かれた第21回「放送を巡る諸課題に関する検討会」で、NHKの坂本専務理事は「常時同時配信については、放送の補完という観点から、限られた予算の中で支出をしっかりと抑制的に行うことになると考えている。19年度のいずれかの時点で開始したいと考えており、NHKとしては、放送法改正をお願いしている状況である。なお、『radiko』については実験的に提供しているが、NHKのラジオがより良い形でリスナーに届いていることがわかった。『らじる★らじる』も含めて、今後の取り組みも進めていきたい」と、実施に向けての意向を表明した。

常時同時配信の条件として政府が求めていた受信料の値下げについて、経営委員会は11月27日、2020年度までに4・5％引き下げる計画を認めていたことで、同時配信の実現に向けて前進したと受け止められていた。受信料について19年10月の消費税増税時に据え置いたうえ、20年10月に地上契約で月額35円（現行1225円）、衛星契約で月額60円（現行2160円）が値下げされることになった。

同時配信をめぐるNHKと民放の対立とは別に、NHKと民放の著名キャスター3人が同時に降板するという事態が起きていた。政治からの圧力がかかったのではないか、と臆測を呼んだキャスターの交代の背景には、何があったのだろうか。

ＮＨＫの報道番組「クローズアップ現代」のキャスターを23年間にわたり務めてきた国谷裕子氏が最後の出演となったのは16年3月17日午後7時30分からの放送だった。３７００回を超え出演してきた国谷氏が、番組を去るのを申し入れたのではない。ＮＨＫから「契約更新はしない」という通告による降板だった。この去就の背景には、公共放送に影響力を及ぼす政府・与党の力学が反映していた。ＮＨＫと政治との距離が近づいた現象ともいえた。私が取材した限りでは、政治の側がＮＨＫに国谷キャスターの降板を求めたという痕跡はない。権力者に遠慮しない国谷キャスターの存在を必ずしも快く思わなかったＮＨＫ上層部が政治の意向を忖度し、国谷キャスターの続投を望んだ放送現場の番組担当者の反対を押し切った結果だった。あるＮＨＫ幹部は「官邸を慮った決定なのは間違いない」と語っていた。

ＮＨＫ関係者によると、黄木紀之編成局長が荒木裕志《あらきゆうじ》報道局長と若泉久朗制作局長を伴い、クロ現を担当する大型企画開発センターの角英夫《かどひでお》センター長、２人のクロ現編集責任者の計３人と15年12月21日に会った際、国谷氏の３月降板を通告した。黄木編成局長は「午後10時開始

と時間帯を変え、内容も一新してもらいたいので、キャスターを変えたい」と説明した。

センター側は「放送時間が変われば、視聴者を失う恐れがある。女性や知識層の支持が厚く視聴者の評価が高い国谷氏を維持したまま、番組枠を移動させるべきだ」と反論した。しかし、黄木編成局長は「国谷キャスター継続の提案は認められない」と押し切った。「誰の決定ですか」というセンター側の問いに、黄木編成局長は答えなかった。過去に議論されたことがなかった国谷氏の交代が、あっけなく決まった。

国谷氏には角センター長から12月26日、「キャスター継続の提案が認められず、3月までの1年契約を更新できなくなった」と伝えられた。国谷氏は、以前は3年契約だったが、2015年度は1年契約となっていた。

国谷氏は単なる出演者とはいえない存在だった。番組の企画や編集にも影響力をもち、20年を超えるキャリアが的確な指摘となって裏打ちされ、制作スタッフにも発言権をもっていた。一職員にすぎないアナウンサーとは異なり、出演者ではあるもののＮＨＫが簡単に指示できる存在ではなくなっていた。あるＮＨＫ関係者は「経営陣は番組をグリップし、クロ現をコントロールしやすくするため、番組の顔である国谷さんを交代させたのだろう」と指摘する。

降板が伝えられた国谷氏は周辺に「一緒にやってきたプロデューサーの皆さんが、編成枠が代わっても引き続き、キャスターは変えず継続したいと最後まで主張したと聞いて、これまで続けてきて良かったと思っています」と話した。

国谷氏が出演するクロ現の生放送は午後7時30分からだったが、放送のある日は午前10時30分にはNHKに入っていた。下調べや資料の確認、打ち合わせ、試写などをこなし、午後5時からは当日のゲストとブレインストーミングをする。専門家であるゲストが話す内容を固めてくることがある。しかし、それを白紙にして、真剣勝負で毎回の放送を進めてきた。ゲスト出演したノーベル賞作家の大江健三郎氏が用意してきた何枚ものカードをしまってもらったこともあった、という。

06年に取材で会ったとき、番組に追われる日々について「身も心も、NHKに捧げているんですね」と尋ねた。すると、「身は捧げていますが、心は捧げていません」という言葉が即座に返ってきた。

国谷氏降板が朝日新聞に報じられた16年1月8日、NHKには約140件の電話が視聴者から寄せられ、9割以上が「国谷氏の続投」を希望した。

実は海老沢勝二会長時代にクロ現が打ち切りになる危機があった。上層部の指示を番組内容に徹底しやすくするためには、職員ではなくフリーの立場にある国谷キャスターを扱いづらいと感じていた海老沢氏側近の理事や報道局幹部らが進言したのだった。ところが、海老沢氏が親しくしていた新聞社首脳に話すと、「NHKで見ているのはニュースとクロ現だけだ」と言われた。局外の評価の高さを目の当たりにした海老沢氏は打ち切りの取り止めを指示し、番組も国谷氏も続投となった。しかし、十数年後、NHK局内の論理でクロ現と国谷氏は葬られた。

国谷キャスター降板への包囲網

国谷氏の降板にＮＨＫが動きを見せたのは、15年10月下旬にあった複数の役員らが参加した放送総局幹部による16年度編成の会議だった。

編成局の原案では、月〜木曜の午後7時30分からのクロ現を、午後10時からに移すとともに週4回を週3回に縮小することになっていた。しかし、記者が出演する貴重な機会でもあるクロ現の回数減に報道局が抵抗し、週4回を維持したまま放送時間を遅らせることが固まった。

報道番組キャスターや娯楽番組司会者については、放送総局長の板野裕爾専務理事が委員長、黄木編成局長が座長をそれぞれつとめ、部局長が委員となっているキャスター委員会が決めることになっている。委員会は特定のアナウンサーらにキャスターや司会の指名が集中した場合に調整する場で、事務局はアナウンス室に置かれている。

番組担当者からの希望は11月下旬に示され、クロ現では「国谷キャスター続投」だった。番組枠の移動を含めて「クロ現」と「国谷キャスター」に対する包囲網を感じ取っていた番組担当者は、キャスター刷新をＮＨＫ上層部が暗に求めていることを承知のうえで、国谷続投を打ち出したのだった。現場の意向を知ったうえでの降板決定は、ＮＨＫ上層部の決断であることを物語っている。あるＮＨＫ報道局幹部は「国谷キャスターの降板を決めたのは板野放送総局長だ」と証言する。ＮＨＫ関係者は「ある編成局幹部が、上層部から『お前の仕事はクロ現をつぶすことだからな』と言われた、と聞いた」と話している。

かねて伏線はあった。それが明確になったのは、14年7月3日、集団的自衛権の行使容認をテーマにしたクロ現に菅義偉官房長官が出演したときの出来事だった。菅長官の発言に対し「しかし」と食い下がったり、番組最後の質問が終了直前だったことで菅長官の言葉が尻切れトンボに終わったりしたため、**菅長官周辺が「なぜ、あんな聞き方をする。『しかし』が多すぎる」とNHK側に文句を言った。**

苦情を受けた報道局幹部は、すぐ番組担当者に「質問をしっかり打ち合わせしていなかったのか」と叱責、担当者は「『しかし』という言葉が出たのは、流れによるものだ」と反論したという。報道局幹部によると、クロ現への出演は、菅長官側からの要望だったという。ふつうは国谷キャスターとゲストの1対1となるのが基本だが、菅長官が出演した際は、政治部側から「記者を出させてほしい」と要望があり、政治部記者も国谷キャスターとは別の聞き手となる珍しい形式になっていた。

籾井勝人会長は7月15日の定例記者会見でこの一件を取り上げ、「官邸サイドからクレームがついた」と伝えた写真週刊誌『フライデー』（2014年7月25日号）の報道については「何もございませんでした」と否定した。ただ、同誌で報じられた菅長官の出迎えについては認めた。

『フライデー』は「安倍官邸がNHKを〝土下座〟させた一部始終」のタイトルをつけ、記事では「（菅官房長官の秘書官が）『いったいどうなっているんだ』とつっかかったそうです。官邸には事前に『こんなことを聞きます』と伝えていたのですが、彼らが思っていたより国谷さんの質問が鋭かったうえ、国谷さんが菅さんの発言をさえぎって『しかしですね』『本当にそうでしょうか』と食い下がったことが気に食わなかったとか。局のお偉方も平身低頭になり、その後、籾井会長が菅さんに詫びを入れたと聞いています」というNHK関係者の話を掲載していた。7月15日の記者会見では、「国谷キャスターが居室（控え室）で涙を流した、という記事内容も事実無根か」という質問を私はした。大橋一三広報局長は「放送のプロセスとその後については、事実とも事実でないともお答えできない」という返事だった。

国谷氏は降板した後、月刊誌『世界』2016年5月号に「インタビューという仕事『クローズアップ現代』の23年」を執筆している。番組での菅長官とのやり取りを再現したうえ、残り30秒を切ったあとに質問し、菅長官が答えを語り始めたときに放送が終わったことを取り上げた。「生放送における時間キープも当然キャスターの仕事であり私のミスだった。しかし、なぜあえて問いを発してしまったのか。もっともっと聞いてほしいというテレビの向こう側の声を感じてしまったのだろうか」と率直に述べている。そのうえで、「聞くべきことはきちんと角度を変えて繰り返し聞く、とりわけ批判的な側面からインタビューをし、そのことによって事実を浮かび上がらせる、それがフェアなインタビューではないだろうか」と、キャスターとしての信念も綴っている。

ケネディ大使とのインタビューについても国谷氏は触れている。「『日本とアメリカの関係は、安倍政権の一員、それにNHKの経営委員や会長の発言によって影響を受けていると言わざるを得ません』。このように私はケネディ大使への質問の中でNHKのことに触れた。番組への信頼のためにも、この言葉を避けてとおるわけにはいかなかった」。

視聴者からの信頼をつなげる質問内容だったが、局内の受け止め方は違った。国谷氏のこの質問を番組で見ていたNHK上層部の1人が激怒した、という声が後に現場に伝わった。報道局幹部は「国谷さんから『辞めたい』と自発的に申し出があるか、制作スタッフが『新しい番組をやりたい』と提案があがるのを、上層部は待っていた」と証言する。

さらに、クロ現で14年5月に放送された「追跡〝出家詐欺〟」のやらせ疑惑について、15年11月6日に意見書を公表した放送倫理・番組向上機構（BPO）の放送倫理検証委員会が、フジテレビ「ほこ×たて」以来2件目という「重大な倫理違反」を認定した。出家して戸籍名を変えることでローンをだましとる「出家詐欺」をめぐるやり取りの過剰演出が問題とされたのだった。

同じ内容の番組が、クロ現で放送される1カ月前に関西ローカルの「かんさい熱視線」で取り上げられていた。ところが、NHKの委員会名称は「『クローズアップ現代』報道に関する調査委員会」と、「かんさい熱視線」は対象としないかのように決められた。

全聾の作曲家ではなかったことが発覚した問題では、NHKが14年3月に発表したのは「佐村河内氏関連番組・調査報告書」だった。この話題を最初に取り上げた番組は12年11月の「情報ＬＩＶＥ　ただイマ！」、最も反響が大きかったのは13年3月の「ＮＨＫスペシャル」だった。また、93年にＮＨＫが唯一やらせを認めたＮＨＫスペシャル「奥ヒマラヤ　禁断の王国・ムスタン」では「『ムスタン取材』緊急調査委員会」となっていた。こうした例にならうなら、「クローズアップ現代問題」ではなく「出家詐欺問題」になるのが妥当といえた。

　調査委員会の名称が決まった理由を、11月18日の定例会見で私は質問した。板野放送総局長は「とくに意図があるわけではない」と述べたが、クロ現を標的にした狙いを感じた向きがあったのは確かだ。あるＮＨＫ関係者は「委員会の名前については上層部の指示があった、と聞いている」と話す。

　板野放送総局長については、報道局の現場から不信がうずまいていた。ある関係者は言う。

「クロ現で国民の間で賛否が割れていた安保法案について取り上げようとしたところ、板野放送総局長の意向として『衆議院を通過するまでは放送するな』という指示が出された。まだ議論が続いているから、という理由だった。放送されたのは議論が山場を越えて、参議院に法案が移ってからだった。クロ現の放送内容に放送総局長が介入するのは前例がない事態だった」

　国谷氏は17年1月に出版した著書『キャスターという仕事』（岩波新書、２０１７年）で、こんな述懐をしている。

「ここ二、三年、自分が理解していたニュースや報道番組での公平公正のあり方に対して今までとは異なる風が吹いてきていることを感じた。その風を受けてＮＨＫの空気にも変化が起きてきたように思う。例えば社会的にも大きな話題を呼んだ特定秘密保護法については番組で取り上げることが出来なかった。また、戦後の安全保障政策の大転換と言われ、２０１５年の国会で最大の争点となり、国民の間でも大きな論議を呼んだ安全保障関連法案については、参議院を通過した後にわずか一度取り上げるにとどまった」

また、ある元ＮＨＫ幹部は15年12月30日、「日々のコラム」と題したブログでこう綴っている。「籾井会長がやって来て以来間もなく2年、ＮＨＫの政治ニュース報道は会長や官邸に取り入る幹部たちによって骨抜き状態になっている。クロ現でも、安保法制は扱うなだとか、沖縄の翁長知事の単独インタビューはやめろと言った上層部の圧力にさらされて来たという。結果、最近はＮＨＫの表面的なニュースを見ていると本当の動きが分からないと言うほどになってしまった」

このブログの内容について、クロ現をよく知る関係者は「安保法制に関する指摘は正確だ」と言っている。

テレビ離れのなか、ＮＨＫも視聴率ダウンに直面している。16年4月からの新年度編成では視聴率の向上が大きな狙いだった。

その対策として考案されたのが、高齢者を中心に一定の視聴率をあげる19時からの「ニュース7」が終わる19時30分からの番組として、クロ現に代わり娯楽番組を並べ視聴者を逃さない作戦に出る。新年度の放送番組時刻表によると、月曜以降、「鶴瓶の家族に乾杯」、「うたコン」(新番組)、「ガッテン!」(同)、「ファミリーヒストリー」といった番組を20時台へと、22時台から前倒しした。高視聴率を誇る朝の連続テレビ小説の直後に放送される「あさイチ」の視聴率が好調といった手法をまねた、といわれた。

関係者によると、国谷氏の後任選びは難航。降板が決まった直後は、政治部出身の解説委員や「ニュースウオッチ9」元キャスターの大越健介《おおこしけんすけ》氏が浮上したが、午後9〜10時に放送される「ニュースウオッチ9」のメーンキャスターが男性であることから、「男性キャスターが続くのはどうか」と立ち消えになった。15年3月にキャスター降板した後、報道局記者主幹の大越氏が降板後に出演する番組はスポーツか国際ものに限られ、国内政治問題を担当することはほとんどなかった。

その大越氏が18年4月からキャスターとして3年ぶりに復帰することが、2月21日に発表された。担当するのは日曜夜9時50分から1時間番組「サンデースポーツ2020」。記者会見で大越氏は「念願がかなない、ぜひやってみたかったスポーツキャスターをやることになった。スポーツ選手、指導者の言葉の力を感じてきた。スポーツのもつ力、アスリートの可能性を深く掘り起こしたい」と意欲を語った。

大越氏がキャスターを降板することについて、籾井会長は15年3月の定例記者会見で「大越キャスターも5年やってますから、そんなに短いとも思わないし、まあ週刊誌なんかによると、私がああだこうだ、大越さんがアンチ籾井だとか言ってますけど、そんなことがあるはずがないじゃないですか。通常のルーチンの中で代わられたと、素直に取っていただければ間違いないと、私は思います」と述べた。

しかし、NHK報道局のあるプロデューサーは「2011年の福島第一原発事故後、大越キャスターは福島での取材を重ねてきたこともあり、『ニュースウオッチ9』で原発再稼働問題については慎重なコメントが目立っていた。こうした発言が降板につながった、と現場では受け止められている。大越キャスターは番組スタッフの受けがいい人で、現場が交代を希望することはあり得ない。上層部の意向と思う」と語った。その一方、NHK関係者からは「政府・自民党に対して厳しい言い方をする人ではなかった」という評価もあった。

1月28日のキャスター委員会で女性アナウンサー8人にいったんは決まった。ところが、発表前日の2月1日、報告を受けた籾井会長は8人に入っていた有働《うどうゆみこ》由美子アナの起用に難色を示した。最終的に久保田祐佳、小郷知子、松村正代、伊東敏恵、鎌倉千秋、井上あさひ、杉浦友紀の7人になった。それぞれのプロフィールなどが盛り込まれた「新キャスター8人」の広報資料は、発表前日の2月1日、「7人」に急きょ差し替えられた。

2月4日の定例記者会見で、「『クローズアップ現代+』のキャスターから有働アナを外すよう指示したのか」の質問に、籾井会長は「現場が決めたこと」と否定。重ねて「会長として意見や示唆は言わなかったのか」と問われると、「週4日で7人いれば十分と思う。（『あさイチ』に出演する）有働アナは夜もやると大変」と述べた。8年にわたってキャスターをつとめた朝の情報番組「あさイチ」や総合司会をした「紅白歌合戦」などで、飾らない人柄と率直な語り口で新境地を開いた有働アナは18年3月31日付で退職、フリーとなった。

国谷キャスターの思いは、ゴールを迎えるまで貫かれた。3月14日の「女性たちの〝戦争〟〜知られざる性暴力の実態〜」は国谷キャスターの提案だった。過激派組織「IS」の兵士などによって内戦が繰り広げられるシリアで女性が受ける性暴力の実態を、女性たち1000人以上が避難し治療を受けているドイツの隠れ家にカメラを入れて取材する内容だった。最後の出演となった3月17日は、「未来への風〜〝痛み〟を越える若者たち〜」をテーマに、将来への希望を見いだせず不安を募らせる20代、30代の中から新たな価値観を実践に移す動きを取り上げた。国会前などで若者のデモを企画し数万人を集めた奥田愛基氏らが登場した。最終回（3784回）のクロ現のスタジオには関係者ら100人が訪れ、花束を贈った。翌日の夜には東京・原宿の中華料理店で約300人による国谷氏の送別会が催された。その場にNHKの理事や局長の姿はなかった。

上層部が報道内容をグリップしたいという意向が表れたのは「クロ現」のキャスター交代だけではない。16年3月に終了した午後11時台のニュース番組「NEWS WEB」は、放送中につぶやかれた視聴者からのツイッターを、フリージャーナリストらの男性キャスターと女性アナウンサーが随時伝えるという斬新なスタイルだった。報道局幹部によると、視聴率が伸び悩んだこともあったが、4年間で番組が終わった理由として大きかったのは、「紹介するツイッターの内容をコントロールできない恐れがある」という役員の懸念だったという。

23年間続いた国谷キャスターのあと、女性7人のアナウンサーによる日替わりキャスターはわずか1年間しか続かなかった。放送総局幹部は「放送するテーマによってキャスターが替わるのは、番組としてまとまりが悪かった。キャスターのスケジュール調整も大変だった」と、変更の理由を明かしている。17年4月からは、午後7時からの「ニュース7」のキャスターを9年間務めた武田真一《たけたしんいち》アナウンサーの1人キャスターに戻った。2月16日にあった記者会見で「政治との距離」についての質問で、武田アナウンサーは「ニュース7でも開票番組などで政治家インタビューの機会は多かった。フェアであること、情報が世の中をよくすることに資するかの一点を大切にしたい。多様な見方を提示して民主主義を機能させるため、『こんな見方もある』と政治家にぶつけないといけない」と語っていた。

TBS・岸井氏降板は視聴率の苦戦が原因か

2016年春、夜のニュース・報道番組でキャスターの交代が重なった。23年続いていたNHK「クローズアップ現代」の国谷裕子氏だけでなく、12年間務めてきたテレビ朝日「報道ステーション」の古舘伊知郎《ふるたちいちろう》氏、そしてTBS「NEWS23」の膳場貴子《ぜんばたかこ》氏と岸井成格《きしいしげただ》氏のコンビも姿を消した。中でも、市民団体から〝偏向している〟と名指しされ、その去就が注目を集めていた岸井氏が降板した理由は何だったのだろうか。

市民団体「放送法遵守を求める視聴者の会」が15年11月14日と15日、「岸井氏は『メディアとしても（安保法案の）廃案に向けて声をずっと上げ続けるべきだ』との発言は放送法への違反行為」と主張する意見広告を、産経、読売新聞にそれぞれ掲載した。特定のキャスターの個人名をあげて批判する意見広告は異例だった。

TBSテレビ幹部らの話によると、実はこの意見広告が出る前の昨年夏ごろには岸井氏の降板の方針が固まっていた。

その最大の理由は視聴率の低迷だった。夜11時から始まる同時間帯の日本テレビ「NEWS　ZERO」に比べ、視聴率が劣ることが響いた。16年2月2日付の朝日新聞によると、15年度の「NEWS23」の視聴率は5・4％（ビデオリサーチ調べ、関東地区）だったのに対し、「NEWS　ZERO」は15年の月～木曜平均で8・9％あった。「NEWS23」の初代キャスターを18年余り務めた筑紫哲也氏時代の視聴率は二ケタ近かった。

岸井氏が「NEWS23」アンカーに就任したのは13年春。帯番組のキャスターや司会はふつう最低2年は続けられ、メドとされる3年を迎える16年春の継続は難しい、という判断に至った。

その後、後任キャスターとして選ばれることになる朝日新聞の星浩《ほしひろし》特別編集委員に接触を始めた。ＴＢＳは14年春に朝の情報番組「あさチャン！」を始める際にも、司会の夏目三久氏の相方を星氏に打診したことのある「意中の人」でもあった。

ＴＢＳは岸井氏を交代させる方針を決めたものの、降板が市民団体の主張に屈したかと思われかねないため、ＴＢＳは苦慮した。

15年7月下旬には膳場貴子キャスターの妊娠が報じられた。11月下旬から16年2月初めまで産休に入った。岸井氏と一緒に降板するのでは、と取りざたされた。

16年3月までＴＢＳテレビの会長でもあった井上弘・日本民間放送連盟（民放連）会長は3月17日にあった定例記者会見で「膳場さんの出産（15年末）のスケジュールに合わせて岸井さんもということになった、と聞いている」と述べた。「岸井、国谷、古舘のキャスター3人の降板が権力に屈しているように見えるという指摘がある」という質問に対しては、「各キャスターがたまたまこういう時期に降りたのでは。（権力から）おかしいんじゃないか、と言われたことはない。露骨なことをおっしゃる人はいない。また、おかしい、といって変わるわけではない」と答えた。

結局、当初の構想通り、岸井氏が降板し後任に星氏が就任する、と1月26日に発表された。ＮＨＫ、テレビ朝日のキャスター交代と重なったことや意見広告の経緯から、「政治的圧力があったのでは」という臆測が飛び交った。

しかし、岸井氏は総務相の「電波停止」発言についての記者会見を3月24日に日本外国特派員協会で開いた際、「私に対して直接、間接の政権側からの圧力は一切ない」と否定。ＴＢＳ幹部も「官邸から岸井さんの降板を働きかける動きはなかった。そうした行為が（ＴＢＳに）報道されたらまずい、ということはわかっている。とくに、選挙前だけに神経を使っているはずだ」と言っている。

ただ、岸井氏の言動で誤解を招く内容があったのも事実だ。『週刊文春』２０１６年４月21日号でエッセイスト阿川佐和子氏と対談した際、こんなやり取りが掲載されたあと、岸井氏は「ある筋からの情報だけど、いま官邸として目障りなのは、ＴＢＳの土曜日の『報道特集』と日曜の『サンデーモーニング』らしい」と述べている。

岸井　スポンサーがらみで言うと、これは自民党幹部から直接聞いたんだけど、「数字だって今や操作はいくらでもできるんですよ」って。

阿川　数字って、視聴率のこと？

岸井　そう。視聴率ってビデオリサーチ一社が測定していて、測定器を置いているのって関東地区で６００世帯ぐらいでしょ？　官邸はどこの家庭に測定器があるか全部知ってるわけ。

阿川　やだ、おそろしい。

岸井　だから、もし本気で何かを操作しようとおもったら、方法がないわけじゃない。「岸井さんも気をつけて」と言われました。

岸井氏の発言内容について、ビデオリサーチ広報部は「視聴率の調査対象者はきっちり管理している」と、外部に調査世帯の情報がもれていることについては全面否定した。

03年には、日本テレビのプロデューサーは00年3月から03年7月にかけて、興信所を使ってビデオリサーチの調査対象世帯を割り出し、交渉役を派遣したり、プロデューサー自身が電話したりして、自分が制作した番組を見るよう依頼、視聴率の引き上げを謀《はか》ったことが発覚した。このプロデューサーは懲戒解雇、社長が副社長に降格するなど「視聴率買収事件」として世間を大きく騒がせただけに、視聴率の操作につながるような情報漏れはビデオリサーチにとっては見過ごせない話だ。

ただ、この対談が掲載された週刊誌が発売された当日に熊本地震があったためか、岸井氏の発言に対する問い合わせはビデオリサーチにはなかったことから、抗議などはせず、静観したという。

当のTBS幹部も「岸井さんは『NEWS23』の視聴率があまり高くなかったのを官邸による視聴率操作によるのではないかと言いたかったのかもしれないが、その主張はおかしい。その理屈でいえば、政府に批判的な発言が多いと指摘されるTBSの『サンデーモーニング』の視聴率がなぜ高いのかを説明できない。調査世帯がわかったとして、いったい、どうやって視聴率を下げられるのか」と首をひねっていた。たしかに、「ＮＥＷＳ23」を視聴しないようにするには、調査世帯の視聴者を帰宅させないようにするか、調査世帯に『ＮＥＷＳ23』を見ないように」と働きかけをすることぐらいだ。どちらにせよ現実的には想定しにくい。

ＴＢＳテレビは4月6日、「弊社スポンサーへの圧力を公言した団体の声明について」と題したコメントを明らかにした。「弊社は、少数派を含めた多様な意見を紹介し、権力に行き過ぎがないかをチェックするという報道機関の使命を認識し、自律的に公平・公正な番組作りを行っております。放送法に違反しているとはまったく考えておりません。今般、『放送法遵守を求める視聴者の会』が見解の相違を理由に弊社番組のスポンサーに圧力をかけるなどと公言していることは、表現の自由、ひいては民主主義に対する重大な挑戦であり、看過できない行為であると言わざるを得ません」。一方的ともいえる中傷に対し、放送局としての態度を明確にしたものだった。

岸井氏は「ＴＢＳスペシャルコメンテーター」として、降板後もＴＢＳの複数の番組に横断的に出演することになった。「スペシャルコメンテーター」はもともと、筑紫哲也氏に用意されていたものだったが、筑紫氏が死去したため使われなかった経緯がある。鋭い口調の印象を残した岸井氏は18年5月、肺腺がんのため亡くなった。

テレビ朝日・古舘氏の降板の原因は何だったか

国谷氏や岸井氏と同時期に12年間務めた「報道ステーション」キャスターを降板した古舘氏は、最後の放送となった16年3月31日の番組で「窮屈になってきました」と語った。朝日新聞のインタビューでは「ニュース番組が抱えている放送コード、報道用語、予定調和をやめて、もっと平易でカジュアルなニュースショーができないかと12年やってきたけど、壁を打破できなかった」「僕に直接、政権が圧力をかけてくるとか、どこかから矢が飛んでくることはまったくなかった。圧力に屈して辞めていくことでは、決してない」（２０１６年5月31日朝刊）と話している。

15年12月に古舘氏は「12年を区切りとしてやめさせていただきたい」と降板を記者会見で発表したが、テレビ朝日の首脳は「発表する半年以上前から『もう十分やった』と、辞めたいという申し出があった」と語る。

ただ、15年3月27日、「報道ステーション」にコメンテーターとして出演していた元経産官僚の古賀茂明氏が「菅官房長官をはじめ官邸のみなさんには、ものすごいバッシングを受けてきました」と突然発言したことに、古舘氏が「今のお話は承服できません」と言いあいになるトラブルがあった。この事態が大きく報道される中で、古賀氏の発言を問題視した自民党の情報通信戦略調査会は4月17日、テレビ朝日の福田俊男専務と、出家詐欺問題を扱った「クローズアップ現代」がやらせを指摘されていたＮＨＫの堂元光副会長をともに呼んで事情聴取する異例の事態となった。

さらに、同じ時期の雑誌記事も波紋を呼んだ。ジャーナリスト上杉隆氏が月刊誌『文藝春秋』２０１５年5月号に書いた「古舘伊知郎『報道ステーション』の最後」だ。

「お前来いって言ってんだよ。お前知らんぷりしないで、この野郎！」と古舘氏が怒鳴ったという番組反省会の場面で始まる「深層レポート」には、古舘氏と番組スタッフの関係やトラブルなどが綴られている。その中で、ごく一部の関係者しか知ることができないはずの極秘の内部資料として「報道ステーション」への出演料が記されていた。

事務所の古舘プロジェクトへの毎月の支払い額が、「▽ＭＣ専属契約料＝四百三十万円▽ＭＣ出演・拘束・制作協力費＝一億四千七百五十八万円▽（報道ステーションＳＵＮＤＡＹ）長野（智子）さん専属契約料＝二十二万九千円▽長野さん出演・制作協力＝二百七十五万円▽制作業務請負料＝八千五百十八万五千円」となっていた。テレビ朝日から古舘プロジェクトに年間で合計30億円弱が支払われる計算だった。古舘氏の「出演料」は年間12億５８０３万２０００円と、千円単位まで細かく記載されていた。

テレビ朝日関係者は「11ページに及んだレポートには多くの誤りがあったが、出演料の数字は正しかった。テレビ朝日との打ち合わせの内容などが『文藝春秋』に載った結果、古舘さんは『一緒に作る』という気持ちがなくなっていったようだ」と語った。

これに対し、テレビ朝日首脳は「古舘さんは『報道ステーション』を12年間放送してきて充足感があった。上杉氏の文春原稿と辞意は関係ない」と否定する。その一方、別のテレビ朝日役員は「**古舘さんは『もう十分にやった』と1年以上前から辞めたい、と言っていた。ただ、古賀さんの番組での発言で嫌気が差した可能性はある**」と言っている。結局、テレビ朝日は高視聴率をはじき出していた古舘氏を慰留したが、辞意を覆せなかった。

退任を発表した15年12月の会見で、古賀発言と降板の関わりについて古舘氏は「全くありません」と否定した。

古舘キャスターの降板と上杉氏の原稿が影響を与えたかについて尋ねることを趣旨とした取材依頼文を、所属する古舘プロジェクトへ17年9月に送ったが、返答はなかった。

99年度から急増したＮＨＫの不祥事

ＮＨＫと民放で重なったメーンキャスターの交代から2年。後継のキャスター、番組は定着してきている。

ＮＨＫに話を戻せば、ニュースを担当する報道の現場で衝撃的な不祥事があった。17年2月6日、山形放送局の記者が強姦致傷と住居侵入の疑いで逮捕されたのだった。16年2月に山形県内の20代の女性宅に侵入し暴行を加え2週間のけがを負わせた容疑だったが、前任の甲府放送局に勤務していた13年12月と14年10月に、いずれも山梨県内の20代の女性に乱暴したとして、計3件について起訴された。報道に携わる記者が強姦事件で起訴された事例は寡聞にして耳にしたことがない。就任直後だった上田良一会長は17年2月14日の経営委員会で「本当に痛恨の極みです」と謝罪した。18年4月25日、山形地裁は懲戒免職となった元記者に懲役21年（求刑懲役24年）の判決を言い渡した。元記者は無罪を主張していたが、児島光夫裁判長は「常習性が高く、反省の態度も見られない」と述べた。二審の仙台高裁も同年10月18日、被告の控訴を棄却し、懲役21年の一審判決を支持した。

記者の不祥事はほかにもある。16年1月、さいたま放送局の記者3人がタクシー券約49万円分を不正に使用したてとして諭旨免職などの処分を受けた。17年1月には福島放送局の記者がタクシー券約25万円分を不正に使用したほか、時間外手当を不正受給していたとして停職2カ月の処分を受けた。番組においては、過剰演出が問題となり15年11月に公表された意見書で放送倫理・番組向上機構（BPO）の放送倫理検証委員会が2件目の「重大な倫理違反」に認定した「クローズアップ現代　追跡〝出家詐欺〟」（14年5月放送）を担当し停職3カ月の処分を受けたのも、大阪放送局の報道部記者だった。

最近の不祥事は報道記者に限ったことではない。15年2月には、技術系の子会社・NHKアイテックで社員2人が実体のない会社に架空工事を発注し約2億円を着服したとして懲戒免職となり、16年12月に詐欺容疑で警視庁に逮捕された。逮捕当時、元社員は46歳と41歳だった。

受信料をめぐっては、17年1月に横浜放送局の営業部職員が受信料払い戻しの架空伝票を作成し数十万円を着服していたことが発覚、17年12月には名古屋放送局の営業職員が未払い世帯から集金した現金約58万円を着服したことが明らかになった。

18年には10月25日、報道局ニュースセンターおはよう日本チーフプロデューサーが京王井の頭線下北沢駅の上りエスカレーターで女性のスカート内を盗撮したとして、東京都迷惑防止条例違反で逮捕され、12月11日付で停職3カ月となった。佐賀放送局長が女性スタッフの入浴する風呂に侵入したとして、10月31日に出勤停止14日になり、11月5日に局長職を解任された。

さらに、12月11日には、単身赴任手当など約524万円を不当に受け取ったとして、帯広放送局技術部副部長が同日付で懲戒免職となった。離婚した元妻が子どもと一緒に別の場所に暮らしているのに、子どもが1人暮らしをしていて単身赴任していると偽っていた。ガスの検針票を偽造しNHKに提出する悪質な手口を使っていた。このほか、妻と同居した期間にも単身赴任手当など約224万円を受け取っていた職員を18日付で出勤停止14日とした。

民放で発覚する着服といえば、制作会社への支払い額を上乗せしたうえで自らの懐に戻させるキックバックや、知人との私的な飲食費を業務用としての請求処理といった、わかりやすい古典的ともいえる手法が多い。ところが、NHKの場合はいずれも、「こんな手口があるのか」と思わせるほど、チェックの網をかいくぐり、公金を懐に入れていた。NHKアイテックの不祥事が明るみに出たとき、あるNHK関係者は「2億円を着服したというが、1億円以上は問題の社員の口座に残っていた、と聞いた。何のために着服したのか、動機がよくわからない。老後の資金のため、という見方もある」と話していた。

ＮＨＫ職員が免職になる件数はどのくらいあるのか、１９７８年度から２０１７年度まで40年間について調べてみた。

免職となった職員は計61人。ＮＨＫで諭旨免職の制度を導入した08年度以降、免職25人のうち、懲戒免職が14人、諭旨免職は11人だった。

複数の職員が免職となったのは78年度以降では、99年度の４人が初めてで、00年代から急増している。01年度に６人、04年度に３人、05年度に４人、08年度に５人、10年度に３人、11年度は５人と複数の免職が常態となり、最近で免職が出なかったのは03年度と15年前にさかのぼる。重大な不祥事が頻発しているのは、免職事例の多さから裏付けられた。15年度から17年度までは毎年２人ずつ免職されている。

免職者数の10年ごとの推移を比べると、78〜87年度５人、88〜97年度５人に対し、98〜07年度26人、08〜17年度25人と高止まりぶりがよくわかる。

61件の免職について、処分理由について見てみる。09年度以降は処分理由が「就業規則違反」に事実上一本化されているが、個別に調べると、61人のうち刑事事件が26人、公金関連17件、インサイダー取引３人、破廉恥行為２人、セクハラ等２人などだった。このほか、無断欠勤、経歴詐称、委託契約トラブル、記事盗用など多岐にわたる。

不祥事の続発には執行部を監督する経営委員会からも、叱咤する発言が出されていた。12年2月28日の経営委員会で、2月25日に編成局ソフト開発センターの専任ディレクターが違法な薬物を所持していたとして、米ハワイの空港で拘束・強制送還されたのち麻薬取締法違反の疑いで逮捕されたことと、2月16日に松山放送局の朝のローカルニュースで、「窃盗の疑い　愛媛大学教授を逮捕」という放送内容と全く関係のない架空の字幕スーパーが2秒間流れたという、2件の不祥事が報告されたときのことだ。

読売新聞西部本社、中部本社で編集局長をつとめた経歴をもつ北原健児経営委員は強い調子で批判した。「私は1年8カ月ぐらいこの経営委員会の場に出席しており、不祥事が発生したとき、NHKの執行部からはいつも、『再発防止に向けてこのように対応している』と同じ説明があるのですが、一向に事象は減っていません。いつになったらこういう報告を聞かずに済むのかというのが率直な印象です。ふだんマスコミは偉そうなことを言っています。それだけに己を厳しく持していかなければいけないと思っています。例えば、朝日新聞や読売新聞でも時として刑事事件、不祥事がありますので、今回の事案がNHKの企業風土に根差す特有の現象だとは思っていません。しかし、新聞社の場合と違うのは、読者がけしからんと思ったら、購読しなければいいのです。読者はそういう拒否権をもっています。NHKの場合は放送法で、

ＮＨＫの放送を受信できる設備を持っている者は受信契約を結ばなければいけないと定められています。ある種の半強制的な措置のもとに受信料制度が成り立っているのです。朝日新聞や読売新聞のような私企業とは違う側面をもっているのです。それだけに、厳しい倫理観と使命感をもって仕事をしていただきたいと思っています」

　上田会長が経営委員だった当時、14年10月14日の経営委員会でＮＨＫの不祥事について興味深い発言をしている。

「独断と偏見でＮＨＫの歴史を振り返ってみますと、古くは、バブルがはじける１９９０年前は、日本は大変な経済成長を謳歌してインフレ基調でした。インフレ基調ということは、常に受信料はフィックスしているが、コストは上がっていく。そこにビルトインされたといいますか、健全なインフレの危機意識といいますか、受信料を上げるためには国会で承認してもらわなくてはいけないので、いろいろと工夫をしながらやってこられた経営のあとがあると思い**ます。ところが、１９９０年から日本はデフレに入り、資金的にはＮＨＫは大変、豊かになります。10年それやりますと、偏見が入ってきますが、ＮＨＫは不祥事を起こします。私は芸能番組のプロデューサーがたまたま個人的なことで不祥事をやったのかと思っていましたら、その後、調べたら他に相当多くの不祥事があり、処分された職員の数も相当の数に上っています。大変な不祥事だったわけです。やはり10年間、そのふんだんな資金というのは、どこかにそういう温床を生んだのではないかと私は思っています。**その後で、これは受信料の不払い運動が起こり、放送法が改正される中で、ある意味では職員みんなが歯を食いしばって、この受信料不払いを取り戻そうという努力をされた。大体四百数十億円の受信料が減ったわけですが、毎年、努力をされて、6年で大体回復されている。そこで今度は10％削減しろというプレッシャーを感じて、7％削減した。今までずっとそういうプレッシャーの中で経営してきて、私は、なかなか公共事業とか、役所もそうかもしれませんが、自分たちが自主的にというのは、正直言って難しいと思いますが、そういう客観的な枠組みの中で、納得のいく経営がされてきたのではないかと思います」

金銭に絡む不祥事が個人的なことではなく、「ふんだんな資金」が温床になっている、という指摘である。三菱商事時代に経理マンとして実績をあげた上田会長らしい慧眼といえた。受信料の不払いや削減といった「外圧」が、経営を引き締めるという側面をも指摘している。経営委員会で潤沢な受信料収入を不祥事の温床という視点で発言した唯一の例ではないだろうか。不祥事の原因について「個人的なこと」ではなく「構造的な要因」があるのではないか、という疑いの目を上田会長は向けた。こうした観点からNHKが対応した形跡は見られなかったが、上田会長には不祥事の構造的な要因を取り除いてもらいたい。公共放送のトップになったいま、そうする責務がある。不祥事について北原経営委員が「NHKの企業風土に根差す特有の現象だとは思っていません」と述べたのを受け、当時の松本正之会長は「おっしゃるとおり、企業風土に根差す特有な現象ではないと思っています」と答えた。しかし、「特有な現象」という認識に切り替えざるをえないほどの事態になっているように思える。

職員が手分けし不払い世帯を訪問するなどして受信料不払いを取り戻そうという努力があったことは認める。しかし、問題は受信料収入の回復や受信料7％削減による収入減のあとにも、受信料の着服などの不祥事が相次いでいることだ。不祥事が起きるたびに、謝罪と再発防止策がセットになった幹部の記者会見が繰り返されている。着服が絶えないのは、「ふんだんな資金」が職員の周りに存在する何よりの証拠だろう。

ＮＨＫは官僚的、とよく形容される。中央省庁と似たところがたしかにある。「局あって省なし」といわれる省庁のように、ＮＨＫは「局が違えば別会社」といった風潮があった。報道局、制作局、営業局、技術局といったようにタテ割りが強かった。逆にいえば、同じ部局の職員の連帯感は強かった。約30年前、アナウンサー出身のＮＨＫ職員から聞いた駆け出し時代の地方局でのエピソードをいまも覚えている。

いまから50～60年ほどのことだ。地方局の同僚アナウンサーが台風の現場中継を担当することになった。強風が吹いていたのに、実況する直前にパタリと止んでしまった。「何となく間が悪い」と、実況アナウンサーの後ろに立つ木の枝を、仲間の職員と一緒にわきから揺らせて、風が吹いているように見せたという。視聴者の目にふれる恐れがある街頭でのこうした「やらせ」まがいの行為は、いまではあり得ない。ただ、実況中継を成功させてやりたい、という思いからの行為だったそうだ。同じ釜の飯を食べる地方放送局の「一家意識」のなせるわざだった。

いま、地方の放送現場はどうなっているのだろうか。報道現場の職員による重大な不祥事として、05年の大津放送局記者の放火事件、17年の山形放送局の強姦致傷事件があるほか、08年に発覚した株式インサイダー取引に関与した3人のうち2人は水戸放送局ディレクターと岐阜放送局記者だった。奇しくも、地方の放送局の記者らが公共放送の信頼を根幹から裏切る行為に手を出していた。これは偶然だろうか。NHKのある地方局幹部は「記者の数はそれほど減っているわけではないが、昔のようなゆとりはない」と語っている。

NHKは新入社員が応募する際、記者、ディレクター、アナウンサーなど希望する仕事を聞いている。採用に関わったことのある元NHK幹部から5年前に、記者志望者が減っていると打ち明けられたことがある。「10年前に比べると、記者の志望者は半減した。長時間勤務のうえ、他社との競争が激しい3K職場ということが理由だろう」と言っていた。

しかし、報道局には多くのスタッフがいて、取材現場では民放を圧倒している。新聞社にあるテレビは通常つけているチャンネルはNHKだ。ニュース速報の早さと正確性は、他局をいつも引き離しているからだ。

世間が抱くチャンネルイメージや評価と、連続する不祥事の落差はあまりに大きい。不祥事がイメージや売上げを落とすだけでなく企業の存続にも影響を及ぼしかねないことから、企業はコンプライアンス（法令順守）に神経を尖らせるようになって久しい。NHK内部でもコンプライアンスの徹底が強く言われているのに、不祥事が連発している。にもかかわらず、ニュース番組の視聴率は落ちることがなく、受信料収入は過去最高を記録し続けている。

この矛盾を解くカギは、ＮＨＫ内部の「乖離」と「分断」にあると思う。民放にはできないような徹底した取材によるドキュメンタリーや迅速な災害報道、チャレンジングなドラマがあり、番組コンクールではＮＨＫが上位を占めている。脚光を浴びる優秀な作り手が存在する一方で、やりがいを見いだせない職員が少なからずいて、職場にはかつてのような連帯感も薄れている。見えない壁が不祥事の連鎖を断ちきれない要因ではないか、モラール（士気）の高い職場ならば、これほどまでに不祥事が立て続けに起きるわけがない。

就任から1年たった上田会長は、18年2月1日の定例記者会見で、反省点を問われて、「いつも気にかかっているのは不祥事がどうしても根絶できないのが悩みだ。（17年12月の）名古屋の営業職員の不祥事、（18年1月の）Ｊアラートの誤報があった。二度と起こらないように対応していきたい。山梨、山形で勤務した記者の強姦容疑の逮捕、起訴は大きな反省であり、二度の起こしてはならない」と率直に語った。

ここ5年間ほどを振り返るだけでも、ＮＨＫにはいくつものアキレス腱が存在することがわかる。ときの政権に忖度する報道姿勢、公共放送のありようを理解しなかった経営陣、受信料着服など不祥事の連鎖……。こうした動きに視聴者の怒りが限度を超したとき、公共放送への信頼は瓦解する。ただ、芸能番組プロデューサーによる制作費横領に端を発し04年から始まった受信料不払いの兆候は、現在ではまったく見えない。それどころか、17年度にはＮＨＫが目標としてきた「受信料支払い率80％」を達成した。

受信料支払いのうち、口座・クレジット払いが80％を占め、継続振込が18％ある。08年10月に訪問集金が廃止され、障害者向けなどで残る現金による支払いは０・６％にとどまっている。この10年間の受信料徴収方法の変化で、ＮＨＫに対する視聴者の評価が受信料の支払いに反映される度合いが大きく減った。経営面では盤石に映るＮＨＫだが、その内実には危うさが数多くある。自壊しかねない不安要素を抱えながら、肥大化していく公共放送の未来が明るい、とはとても言えない。

あとがき

あるＮＨＫ役員経験者の語った言葉にうなずいたことがある。「ＮＨＫの職員の中心は歌舞音曲が好きという穏やかな草食獣の世界。そこに会長に君臨した島桂次、海老沢勝二や日放労委員長だった上田哲といった激しい肉食獣がときどき現れては席巻する。ただ、そうした支配は10年ももたない」

ＮＨＫ会長の権限は絶大である。会長が主張したことは、局内ではよほどのことがない限り認められる。企業の取締役会とちがい、ＮＨＫの理事会では会長を解任することはできず、「会長の助言機関にすぎない」という理事がいるぐらいだ。もちろん執行部で決定したとしても、執行部の監督機関である経営委員会の承認や同意がないと、会長の主張は実現できないけれども、経営方針から人事まで会長の意向が色濃く反映される。

１期３年の任期の間、会長の威光は行き渡り、その意向をくんだ人事や政策が実施される。会長が変わると、局内の権力も移行する。その繰り返しがＮＨＫの歴史ともいえる。

とはいえ、放送法で定められたこと以外は実行できないのがＮＨＫの宿命だ。国内各地に電波を遍《あまね》く届け、受信料を支払ってもらう「みなさまのＮＨＫ」という特殊法人の性格上、敵を作ることはなかなか出来ない。それゆえ、誰からもたたかれやすい。「国営放送局」と揶揄されることもあれば、「反日放送局」と非難されることもあるというサンドバッグ状態になることが日常的となっている。

その一方、視聴者の高齢化という課題も抱えている。「主たる視聴者層は60歳以上。中心は70代では」とＮＨＫ番組制作者の自嘲的なつぶやきだ。16年度上半期に、ビデオリサーチの視聴率調査（関東地区）で、ＮＨＫ総合がゴールデンタイム（午後７〜10時）で民放を含めてトップに立ったことが話題になった。４月にあった熊本地震や８月のリオデジャネイロ五輪の放送がＮＨＫの視聴率を押し上げるとともに、視聴者全体が高齢化していることがＮＨＫへの追い風になっていた。

05年に番組別の視聴者の年代を調べたことがあった。たとえば看板である「ニュース７」の04年のＮＨＫが調べた視聴率は14・５％だった。世代別にみると、20〜30代が３％台と低かったが、60代が30％弱、70代以上が30％台半ばで、平均すると悪くない数字に落ち着いた。視聴率14％だった「歌謡コンサート」も20〜30代が１〜２％、60代が30％台半ば、70代以上が約40％という内訳となっていた。「ためしてガッテン」も似た構造だった。その中で、大河ドラマ「新撰組！」（視聴率13・１％）が20代と30代が６〜８％、60代が10％台後半、70代以上が約30％と世代間の差が比較的小さかった。

やはり若者のNHK離れに危機感を抱いた制作局ドラマ部（東京）で、中学生に聞き取り調査をしたことがあった。「新聞のテレビ欄は、NHK総合と教育テレビを飛ばして、日本テレビからしか見ない」と言われ、衝撃を受けたという。「年を重ねると、落ち着いたNHKの番組に戻ってくる」という希望的観測も、確たる根拠があるわけではない。今後、どうなるかはわからない。

とはいえ、制作や報道に携わる職員の多さと厚みがNHKの強みであることは間違いない。相次ぐ不祥事で経営が揺れていた05年、06年に、論壇を二分しリスクのあるテーマだった「靖国神社」、「日中戦争」をNHKスペシャルで世に問えたのは、歴史問題への蓄積と作り手の志があったからだ。17年8月に放送されたNHKスペシャル「731部隊の真実～エリート医学者と人体実験～」「戦慄の記録　インパール」やETV特集「原爆と沈黙～長崎浦上の受難～」は、事実を丹念に掘り起こし、知られざる史実に光を当てた。NHKスペシャルでは、番組ごとに契約する、米国に住む日本人の腕利きのリサーチャーがワシントンにある国立公文書館の資料を調べられる体制になっている。リサーチャーは米国当局に人脈をもち、キーマンとのインタビューも実現させる。NHKも貴重なスタッフとして位置付け、大型企画では立ち上げ時に東京へ呼んで、番組の狙いを説明することもある。ドキュメンタリー制作の総合力において、民放は足元にも及ばないのが実感だ。また、魅力を一時失いかけていた老舗のドラマ枠である朝の連続テレビ小説は「あまちゃん」や「カーネーション」に代表される、これまでにないドラマを創り出す自己革新能力に秀でている。3日間にわたり定点観測し世相と人間模様を描き出す「ドキュメント72時間」の着想には独創性を感じさせる。

その一方、安倍首相夫妻との関わりが指摘された森友学園、加計学園の問題に関する報道では当初、鋭さが欠けていた、という批評があった。取材しても放送されず歯がゆい思いをしていた現場の記者がいた、とも言われている。

森友学園への国有地売却をめぐる決裁文書の改ざんが明らかになった18年3月、民放を対象に、政治的公平などを定めた放送法4条など放送の規制撤廃による通信・放送制度の一本化を柱とした政府の「放送制度改革」が報じられた。放送改革のきっかけは、17年から続く森友、加計学園問題のテレビ報道に対する安倍首相の不満と見られている。とくに民放の情報番組などで昭恵夫人の映像がひんぱんに使われることへの不服があったという。一方、NHKの番組ではこの種の映像はほとんど登場しない。

NHKは改革の対象になっていなかったばかりか、同時配信が認められネット活用の本格化がうたわれていた。「民放不要」といえる政府の改革方針で無傷だったのはNHKにとって幸運だったという見方がある半面、改革実行後は放送事業者で唯一のコントロール対象になることから、政府による規制はいまよりも強まり、「国営放送化」が進むのではないか、と予測する声もあった。

ただ、民放や世論の強い反発を受け、検討の舞台となる政府の規制改革推進会議に4月16日に出席した安倍首相が示した検討課題は「通信・放送の融合が進展する下でのビジネスモデル」「多様で良質なコンテンツの提供とグローバル展開」「電波の有効活用に向けた制度のあり方」にとどまり、6月4日にまとまった第3次答申でも放送法4条撤廃などは盛り込まれなかった。ただ、NHKが希望する常時同時配信の是非については早期に結論を出すよう提言された。

称賛と批判がつねにないまぜになっているのが、巨大放送局NHKの日常である。この公共放送に色眼鏡なしで取材し、記事を書くうえで心がけてきたことが3つある。まず、当然のことだが、ニュースソースを絶対に守る。次に、約束は守り、できない約束は交わさない。そして、話を盛らない（大げさに書かない）。

この本を読んでいただき、知らない事実に多少なりとも触れていただけたとしたら、その理由は、取材に応じていただいた多くのNHK関係者らの支えにほかならない。

本文のごく一部は、朝日新聞デジタルの言論・解説サイト「WEBRONZA」に掲載したものを修正、加筆したものが含まれているが、ほぼ書き下ろしである。なお、この本の文責はすべて私個人にある。

2019年1月

国内外の情勢とメディアが揺れ動くなかで　川本　裕司

川本裕司（かわもと・ひろし）
1959年、大阪府生まれ。1981年、京都大学教育学部卒。同年、朝日新聞社入社。企画報道部次長、総合研究本部メディア研究担当部長、編集委員（メディア担当）などを経て、現在、東京本社社会部記者。著書に『ニューメディア「誤算」の構造』（リベルタ出版）。共著に『テレビジャーナリズムの現在』（現代書館）、『被告席のメディア』（朝日新聞社）、『新聞をひらく』（樹花舎）、『原発とメディア２』（朝日新聞出版）など。

変容するNHK——「忖度」とモラル崩壊の現場

2019年２月５日　初版第１刷発行

著者 ——川本裕司
発行者 —平田　勝
発行 ——花伝社
発売 ——共栄書房
〒101-0065　東京都千代田区西神田2-5-11出版輸送ビル2F
電話　03-3263-3813
FAX　03-3239-8272
E-mail　info@kadensha.net
URL　http://www.kadensha.net
振替 ——00140-6-59661
装幀 ——黒瀬章夫（ナカグログラフ）
印刷・製本—中央精版印刷株式会社

ISBN978-4-7634-0877-8 C0036